手机网络影视制作丛书

数字艺术设计工程师专业技术资格认证指定培训教材

手机网络影视后期合成

主编 房晓溪

全彩印刷

中国水利水电出版社
www.waterpub.com.cn

内 容 提 要

《手机网络影视后期合成》是手机网络影视制作流程的后期课程，主要介绍影视制作后期编辑基本技法的相关知识和技巧。本书包括数字非编系统上编辑处理的3个步骤：数字化素材采集、利用数字非编系统提供的各种工具对素材进行编辑处理、最后输出成品。介绍了一些在工作中会经常用到的特效插件，使创作出来的作品有更好的视觉效果。本书中所设置的理论讲解和实战练习，通过组接、修改具体画面来学习数字非编的基本剪辑技术，并在实际操作中熟悉影视编辑的工作流程，通过实际的剪辑训练来加强对手机网络影视剪辑原则和技巧的掌握。

本书可以作为本科及高职高专学生的教科书，也可以作为希望从事手机网络影视理论及后期合成制作方面的初学者的入门参考书。

图书在版编目（CIP）数据

手机网络影视后期合成／房晓溪主编．—北京：中国水

利水电出版社，2008

（手机网络影视制作丛书）

ISBN 978-7-5084-5940-0

Ⅰ．手… Ⅱ．房… Ⅲ．移动通信—携带电话机—视频系

统—技术 Ⅳ．TN929.53

中国版本图书馆 CIP 数据核字（2008）第 153245 号

书　　名	手机网络影视制作丛书 **手机网络影视后期合成**
作　　者	主 编　房晓溪
出版发行	中国水利水电出版社（北京市三里河路6号　100044） 网址：www.waterpub.com.cn E-mail：sales@waterpub.com.cn 电话：(010) 63202266（总机）、68367658（营销中心）
经　　售	北京科水图书销售中心（零售） 电话：(010) 88383994、63202643 全国各地新华书店和相关出版物销售网点
排　　版	北京零视点图文设计有限公司
印　　刷	北京中科印刷有限公司
规　　格	210mm × 285mm　16开本　14.5印张　367千字
版　　次	2008年11月第1版　2008年11月第1次印刷
印　　数	0001—4000册
定　　价	49.00元

凡购买我社图书，如有缺页、倒页、脱页的，本社营销中心负责调换

中国电子视像行业协会
数字艺术设计工程师专业技术资格认证专家委员会

主　任：郝亚斌　　中国电子视像行业协会　常务副秘书长

副主任：刘晶雯　　中国电子视像行业协会数字影像推广办公室副主任

秘书长：谢清风　　中国电子视像行业协会数字影像推广办公室副主任

专家委员会委员（根据省份按姓氏笔画排序）

田忠利	北京印刷学院设计学院	闫英林	沈阳航空工业学院艺术设计系
林华	清华大学继续教育学院	孟祥林	辽宁广告职业学院
刘寅虓	中国电子视像行业协会	韩宇	辽宁科技大学动画系
张翔	北京工商传播与艺术学院	李汇杰	大连大学动画系
李中秋	中国动画学会	刘东升	辽宁科技大学建筑与艺术设计学院
李智	北京工业大学艺术设计学院	李波	大连工业大学艺术设计学院艺术设计系
肖永亮	北京师范大学		
段新安	北京工商大学数字艺术制作中心	安丽杰	辽阳职业技术学院
鲁晓波	清华大学美术学院	张永宁	长春工业大学美术学院动画系主任
马振龙	天津理工大学艺术学院	余雁	黑龙江大学艺术学院
郭振山	天津美术学院艺术学院	张震甫	黑龙江艺术设计协会
陈聿东	南开大学东方艺术系	田卫平	哈尔滨师范大学艺术学院
董雅	天津大学建筑学院环境艺术系	林学伟	哈尔滨理工大学艺术设计学院
孙世圃	天津师范大学美术与设计学院	陈月华	哈尔滨工业大学媒体技术与艺术系
魏长增	天津工程师范学院艺术工程系	吕海景	东北农业大学成栋学院动画系
钟蕾	天津理工大学艺术学院	陈健	同济大学环境与艺术设计系
杨文会	河北大学艺术学院院长	程建新	华东理工大学艺术设计与传媒学院
谷高潮	唐山学院艺术系	马新宇	上海工程技术大学艺术设计学院
赵红英	河北科技大学动画系	钱为群	上海出版印刷高等专科学校艺设系
陈德春	东方美术职业学院动画系主任	濮军一	苏州工美职业技术学校数字艺术系
陈彦许	河北软件职业技术学院数字传媒系	曾如海	江南大学太湖学院艺术设计系
夏万爽	邢台职业技术学院艺术与传媒系	金捷	南京艺术学院高职院
黄远	石家庄职业技术学院	朱方胜	江南影视艺术职业学院艺术系
王建国	广播电影电视管理干部学院	余武	南京邮电大学传媒技术学院
胡钢锋	太原理工大学美术学院影像艺术系	顾明智	常州纺织服装职业技术学院艺术系
赵志生	内蒙古大学艺术学院设计系	余永海	浙江工业大学艺术学院副院长
王亚非	鲁迅美术学院动画学院	潘瑞芳	浙江传媒学院动画学院

殷均平	宁波大红鹰职业技术学院数码艺术系	黎青	湘潭大学艺术学院
胡志毅	浙大传媒学院影视与新媒体系	顾严华	深圳职业技术学院动画学院
吴继新	中国美术学院艺术设计职业技术学院	何祥文	中山职业学院计算机系
李爱红	中国美院艺术设计职业学院	黄迅	广州工业大学艺术设计学院动画系
何清超	杭州汉唐影视动漫有限公司	陈小清	广州美术学院艺术设计系
任利民	浙江理工大学艺术与设计学院	金城	漫友杂志社
周绍斌	浙江师范大学美术学院	刘洪波	广西柳州城市职业学院艺术系
陈凌广	浙江衢州学院艺术系	帅民风	广西师范大学美术学院
黄凯	安徽科技工程学院艺术设计系	邱萍	广西民族大学艺术学院
翁炳峰	福建师范大学美术学院	张礼全	广西工艺美术学校
郑子伟	湄洲湾职业技术学院设计系	黎卫	南宁职业技术学院艺术工程系
毛小龙	江西师范大学美术学院副院长	宁绍强	桂林电子科技大学设计学院
吴学云	赣西科技职业学院艺术系	刘永福	广西职业技术学院艺术设计系
项国雄	江西师范大学传播学院	黎成茂	桂林电子科技大学设计学院动画系
王传东	山东工艺美术学院数字传媒学院	宋效民	海口经济职业技术学院
荆雷	山东艺术学院设计学院	杨恩德	重庆科技学院艺术系
张家信	烟台南山学院艺术学院	贺蜀山	重庆科技学院艺术设计培训中心
杨鲁新	青岛恒星职业技术学院动画学院	袁恩培	重庆大学艺术学院设计系
韩勇	青岛理工大学艺术学院	苏大椿	重庆正大软件职业学院数字艺术系
赵晓春	青岛农业大学传媒学院	张继渝	重庆工商大学设计艺术学院
于洪涛	济南动漫游戏行业协会	周宗凯	四川美术学院影视动画学院
李美生	山东艺术设计学院动画系	李宗乐	四川托普信息技术职业学院数字系
朱涛	三峡大学艺术学院艺术系	邹艳红	四川教育学院美术系
仇修	湖北美术学院动画学院	王若鸿	西安工业大学艺术与传媒学院
房晓溪	武汉传媒学院动画学院	陈鹏	西安理工大学艺术与设计学院
朱明健	武汉理工大学艺术设计学院	张辉	西安理工大学艺术与设计学院
雷珺麟	湖南大众传媒职业技术学院动画艺术系	庞永红	西北大学艺术学院
		丛红艳	西安工程大学
劳光辉	湖南大众传媒职业技术学院		

丛书序

手机网络影视是通过数字广播网络与移动网络为用户提供基于手机的视频信息的服务，主要包括手机网络影视、手机微视频下载和手机视频短信三大部分，手机网络影视是手机视频的主体，手机微视频下载与手机视频短信仍然处于市场培育阶段。目前，中国拥有5亿的手机用户，是全球最大的移动通信市场。中国庞大的手机用户群为手机网络影视的发展提供了坚实的用户基础。随着3G的来临，手机已经成为个人多媒体娱乐终端，手机网络影视业务是中国移动、中国联通等运营商提供无线增值服务的发展方向。此外，手机用户对个性化娱乐服务的需求越来越强烈，手机视频正好能够为用户带来实时、互动和个性的娱乐体验。随着手机网络影视概念的普及，以及运营商、设备制造商和内容提供商在终端、网络、内容上的布局，中国手机网络影视市场可谓是蓄势待发。3G牌照的发放和数字广播基础建设将吹响手机网络影视市场快速发展的号角，市场预期将达到高峰，看好手机网络影视业务的厂商也将强势介入，手机网络影视市场正跨入高速成长阶段。

为适应手机网络影视市场快速发展和人才培养的需求，我们编写了这套"手机网络影视制作丛书"。

《手机网络影视创作》是基础理论及制作流程的入门课程，包括从电影的早期形态到当今的数字影像发展，从传统电影电视的制作到个人化独立影像的创意，基础的剧本写作理论及技巧。包括电影艺术的基础知识及赏析、影视制作流程、数字影视的概况、网络视频与手机电影作品赏析、剧本创意开掘及剧本写作技法等方面的知识，为下一步的拍摄制作打下基础。

《手机网络影视制作》包括镜头语言的基本知识，掌握分镜头脚本写作，了解DV摄像机的拍摄原理，掌握DV摄像机的使用技巧，掌握DV摄像机的曝光、运动，手机摄像头和网络摄像头的各项技术标准，以及如何发挥两种设备的优点进行有针对性的拍摄。了解视频拍摄的常用视觉技巧，了解不同色彩的情绪特点和表现方法，了解色温这一概念，掌握灯光知识，及对影调种类的认识。学会使用影调、软调、亮调、暗调等光线特性。对镜头运动具有较为直观的理解，了解镜头运动所产生的艺术效果。掌握手机电影的播放特点，拍摄适合手机观看的影像，保证影像在新媒体上的播放效果。

《手机影视网络技术》从学习计算机网络和Internet知识入手，重点解决如何将手机网络影视传送到互联网上，而互联网的宽带化发展为流媒体技术的产生和发展提供了强大的动力和广阔的应用空间。流媒体技术将广泛应用于互联网上的多媒体新闻发布、视频点播、电子商务、远程教育、视频会议等网络信息服务的方方面面。不但要上传各种各样的手机网络影视节目，还要对相关内容进行管理。

《手机网络影视后期合成》是手机网络影视制作流程的后期课程，要解决视频经过编辑软件处理后通过网络、手机对外发布。要掌握影视制作的相关知识和技巧，包括影视后期编辑基本技法、数字非编系统上的编辑处理的三个步骤。数字化素材采集，利用数字非编系统提供的各种工具对素材进行编辑处理，最后输出成品。介绍如何把素材采集到数字非线性编辑系统，如何管理素材，如何将素材编辑成节目并输出节目等技术。介绍影视剪辑的基本作用、对话场景和多机位场景的剪辑技巧。介绍动作场景的画面剪辑原则和技巧，介绍音频编辑软件Nuendo的简单操作，录音、降噪、添加混响和均衡效果器的使用等几种常见的声音编辑手段。介绍如何使视频文件更小、更适合在网络上传播；如何实现视频的在线观看；如何重新对影片编码，使其可以在手机上播放。最后介绍一些在工作中经常用到的特效插件，从插件的安装，到加入插件特效，再到插件特效的关键帧动画，掌握视频插件的用法，使创作出来的作品拥有更好的视觉效果。

本套"手机网络影视制作丛书"适用于有志于进行手机网络影视制作的大中专学生和各个层次的手机网络影视和游戏动漫爱好者。

本丛书得到中国电子视像行业协会数字影像推广办公室的大力支持，并将作为其中国数字影像行业人才培养工程数字艺术设计工程师专业技术资格认证指定培训教材。数字影像推广办公室长期以来致力于中国数字影像行业人才培养工程，负责国内数字艺术设计工程师职称（专业技术资格）认证工作（http://dgart.org.cn，peixun3000@163.com）。认证专业方向有：数码影视制作、多媒体艺术设计、室内设计、游戏设计、数字艺术设计、建筑设计、动漫设计、视觉传达设计、平面设计、包装设计、工业设计、计算机辅助设计。

本系列教材所引举例的影片只做教学之用，不能作为任何商业目的，如有违反，所有责任自负。

作者
2008 年 8 月

前言

　　手机网络影视业务是无线增值服务的发展方向，中国拥有5亿的手机用户，是全球最大的移动通信市场。随着3G时代的来临，手机已经成为个人多媒体娱乐终端，手机用户对个性化娱乐服务的需求越来越强烈，手机网络影视正好能够为用户带来实时、互动和个性的娱乐体验方式。随着手机网络影视概念的普及，运营商、设备制造商及内容提供商在终端、网络、内容上的布局，中国手机网络影视市场预期将达到新的高峰，跨入高速成长阶段。

　　"手机网络影视后期合成"是手机网络影视的基础理论及制作流程的后期课程。本书共有8章。要解决经过视频编辑软件处理后通过网络、手机对外发布，就要掌握影视制作的相关知识和技巧，第1章深入浅出地介绍了影视编辑基本技法。第2章解决如何管理素材、如何将素材编辑成节目并输出等问题，将通过组接、修改一小段画面来具体学习数字非编的基本剪辑技术，并在实际操作中熟悉影视编辑的工作流程。第3章通过剪辑师创造性的工作使原先拆分拍摄的镜头得以重新组合成为一体，同时通过镜头的剪辑组接技巧使影视作品达到更高的艺术境界，除了介绍影视剪辑的基本作用外，还将着重介绍动作场景的画面剪辑原则和技巧，并通过实际的剪辑训练来加强对常见动作场景剪辑原则和技巧的掌握。第4章介绍对话场景和多机位场景的剪辑技巧，并通过实战训练来加强对这些技巧的掌握。在一部影片中，剪辑固然十分重要，但是同样也离不开特效的润色。第5章重点讲解了Premiere Pro的特技制作的技术与技法。第6章介绍音频编辑软件Nuendo的简单操作，录音、降噪、添加混响和均衡效果器的使用等几种常见声音编辑手段，并通过实际的音频特效制作实例来加强对这些技巧的掌握。随着网络流媒体的兴起与繁荣，单纯的视频制作已经满足不了实际应用的需要，第7章讲解了如何使视频文件更小、更适合在网络上传播；如何实现视频的在线观看，如何重新对影片编码使其可以在手机上播放，这就需要对Premiere视频的输出功能有一个比较清楚的了解。第8章讲解了一些在工作中会经常用到的特效插件，从插件的安装，到加入插件特效，再到插件特效的关键帧动画都有一定的涉及。

　　在本书写作过程中黄莹、马双梅、吴婷、卢娜、张莹、杨明、尤丹、王伯超、王松、安阳参与了相关工作，在此表示衷心感谢。

　　由于作者水平有限，加之时间仓促，书中疏漏之处在所难免，敬请广大读者批评指正。

作　者

2008 年 8 月

目 录

第1章　采集素材

本章主要内容:

- 认识数字非线性编辑
- 建立 Premiere Pro 项目文件
- 掌握 DV 视频采集和手机视频导入

本章重点:

- 建立 Premiere Pro 项目文件
- 掌握 DV 视频采集和手机视频导入

本章难点:

- 导出编辑表，记录影片编辑所需要的素材、组接顺序和方法等信息
- 根据此编辑表可以到别的系统对影片作进一步的处理

学习目标:

- 认识数字非线性编辑
- 建立 Premiere Pro 项目文件
- 采集 DV 视频
- 导入手机视频

随着计算机技术的长足发展和迅速普及，影视制作不再是某一特定人群的专利，寻常百姓就可以拿起自己的DV摄像机或手机按照自己的方式来拍摄电影，并可以经过视频编辑软件处理后通过网络、手机对外发布。影视制作的门槛是降低了，但要创作出彩的作品，则还是需要掌握影视制作的相关知识和技巧，其中包括本书将要介绍的影视编辑基本技法。

1.1　了解数字非线性编辑

1.1.1　数字非线性编辑概述

数字技术的飞速发展给影视制作带来了前所未有的冲击，影视制作数字化已成为必然。在影视后期剪辑中，基于计算机的数字非线性编辑系统正逐渐改变传统的影视编辑思维。

数字非线性编辑系统是基于计算机平台的，以非线性模式进行影视编辑的编辑系统。与传统影视编辑系统相比，数字非线性编辑系统的优势是突出的。首先它是非线性的，编辑可以不按影片结构顺序来进行，而可以按需要分段处理后再把各部分组接起来，最后完成影片的编辑工作。其次，数字非线性编辑系统可以随机读取素材，由此避免了传统编辑模式下手工搜寻磁带或胶片素材的种种麻烦，使编辑工作更顺畅。第三，数字非线性编辑系统更利于编辑创作。剪辑师可以方便地任意修改编辑，而且能实时监看修改结果，这样可以在尝试、比较多个版本后确定最合适的创作手法，这在传统编辑模式下是一种奢望，这也正是数字非线性编辑系统得以迅速普及的主要原因。

1.1.2　非线性编辑制作流程

数字非线性编辑系统上的编辑处理一般要经过以下3个步骤：

（1）数字化素材。

即把影视视频、音频素材转换成系统能识别的数据文件。磁带上的素材可以通过非线性编辑系统提供的采集工具来进行，其他的素材文件则可以使用系统的导入工具来转换。

（2）编辑影片。

创作人员利用数字非线性编辑系统提供的各种工具对素材进行编辑处理。

（3）输出成品。

当影片编辑完成后，可以直接输出影片，也可以导出编辑表。编辑表即EDL（Editing Decision List）表，上面记录影片编辑所需要的素材、组接顺序和方法等信息，根据此编辑表可以到别的系统对影片作进一步的处理，如调色、合成等。

目前市面上流行的非线性编辑系统/软件多不胜数，但其工作模式基本遵循以上模式，而且系统/软件里的工具、功能大同小异，只要精通其中一款，遇到不同系统/软件时，只需稍作调整即可。本书选用Premiere Pro1.5作为教学软件，通过在此软件上的实际练习来学习有关影视编辑的基本技能。

1.2 采集DV素材

1.2.1 连接摄像机

采集DV素材之前首先要连接DV摄像机和非线性编辑系统，一般通过1394线来连接。要注意的是，1394线常见接口有两种，即6pin口和4pin口，如图1-1所示，在连接时要根据设备的具体情况来选择合适的1394线。如图1-2所示为摄像机与非线性编辑系统的连接示意图。

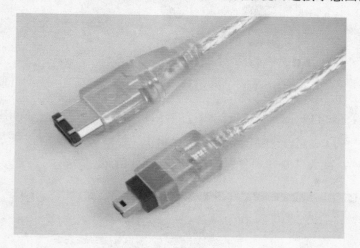

图1-1　6pin口和4pin口

图1-2　连接示意图

目前很多品牌的DV摄像机可以通过USB线输出视频信号，这样可以利用USB线来传送数据，不过使用USB连线的传输速度相对慢一些，也可能因此而出现采集过程中丢帧的现象。

1.2.2 建立项目文件

设备连接就绪以后，就可以着手DV素材采集了。首先要建立Premiere Pro 1.5的项目文件。双击桌面上的Premiere Pro 1.5小图标，开始运行Premiere Pro 1.5。系统初始化之后出现如图1-3所示的欢迎界面。

图1-3 Premiere Pro 1.5的欢迎界面

在欢迎界面中，Recent Projects（最近编辑过的项目）列举了5个最近使用过的项目文件；单击下侧的"新建项目"，可以建立一个新的项目文件；单击"打开项目"，则打开先前建立的项目文件。

单击"新建项目"，进入"新建项目"窗口，如图1-4所示。

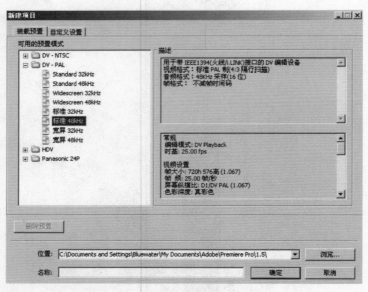

图1-4 "新建项目"窗口

1. 确定项目制式

建立新项目首先要确定项目的视频制式和音频格式，这是由DV素材来决定的。本例中素材拍摄采用了PAL制式和48kHz声音采样频率，所以选择了DV-PAL的"标准48kHz"，在"新建项目"窗口右侧窗格中会显示选定项目的具体参数。

另外，Premiere Pro 1.5也可以创建NTSC和HDV（高清晰的数字视频）类型的项目。

2. 选择正确的场格式

确定项目制式后，还有一个参数要特别注意，即场的设置。

一般视频是以隔行扫描的模式进行拍摄和回放的，也就是说一帧视频画面由两场信号组成，称为上场和下场（也称为奇场和偶场），分别扫描、回放奇数电视线和偶数电视线的图像，由于人眼的视觉残留，人们并没有感觉到奇偶场的快速转换。但在后期处理画面时，如果场的设置与素材不符，则画面会产生抖动。

　　场的设置在"新建项目"窗口的"自定义设置"选项卡中进行，如图1-5所示。本例选择"下场优先"。

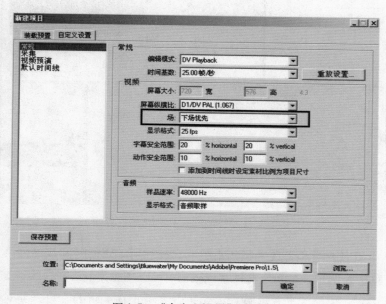

图1-5　"自定义设置"选项卡

3．保存文件

　　设置完成后，需要给项目起名并指定项目存储路径。单击"新建项目"窗口下侧"位置"下拉列表框右侧的"浏览"按钮即可指定项目的存放位置，再将项目文件名输入到"名称"文本框内，然后单击"确定"按钮即可进入 Premiere Pro 1.5 数字非线性编辑系统，如图1-6所示。

图1-6　Premiere Pro 1.5的工作界面

1.2.3 工作界面

Premiere Pro 1.5 的工作界面默认包括 6 个浮动面板，如图 1-7 所示。

图 1-7 认识 Premiere Pro 1.5 工作界面

项目窗口：从中可以查看和管理采集到系统的素材和所编辑的时间线序列。

监视器窗口：默认有两个，左侧为素材监视视窗，可以浏览素材，并在素材文件上打上编辑点以及选择不同的编辑方式；右侧为节目监视视窗，可以查看正在编辑的节目，并对节目进行修改。

时间线窗口：显示各素材在节目里的组接方式，节目的编辑、修改及其他处理主要是在时间线窗口中进行的。

工具箱：罗列了相关的编辑工具。

信息面板：显示所选素材、节目的相关信息。

历史记录面板：显示编辑操作的历史步骤，并可以还原先前的步骤。

1.2.4 获取 DV 视频

Premiere Pro 1.5 一般的工作模式是：将素材导入到项目窗口，在监视器窗口中浏览素材并设置入出点，然后选择合适的编辑方式将素材编辑到时间线窗口中，再用相应的工具在时间线窗口中修剪节目，最后输出编辑好的影片。创建好项目文件后，就可以开始 DV 视频采集了。

在采集的时候要注意，Windows 的磁盘分区列表有 3 种格式：FAT16（即 FAT）、FAT32 和 NTFS，只有 NTFS 格式才支持大于 4GB 的单个文件的存储，所以素材盘的磁盘分区最好采用 NTFS 格式。

（1）执行"文件"→"采集"命令，打开"采集"窗口，如图 1-8 所示。

（2）在"类型名"文本框中输入磁带名。

（3）在"素材名"文本框中输入即将要采集的素材片断的名字。如果此时不对素材进行命名，也可以在采集完成后再做。

（4）单击"设置"标签进入"设置"选项卡，这里注意一下"采集特定区域"的设置，如图 1-9 所示。

图1-8 "采集"窗口

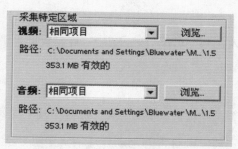

图1-9 选择素材存储目录

（5）单击"采集特定区域"内"视频"下拉列表框旁边的"浏览"按钮，给采集的视频素材指定存储路径。为了保证系统运行的稳定性，素材尽量不要存放在系统盘里。

（6）单击"采集特定区域"内"音频"下拉列表框旁边的"浏览"按钮，给采集的音频素材指定存储路径。

（7）使用播放控制按钮控制DV摄像机，浏览素材。

（8）在需要采集的素材起始处分别按下入点、出点，设定采集范围。

（9）按下"入/出"按钮，系统会根据设定的范围将素材采集到指定的路径。如果不设置入出点，也可以直接在播放素材时按下"录制"按钮，需要停止时按一下"停止"按钮■即可。

（10）完成录制后关闭"采集"窗口，在"项目"窗口里可以看到刚刚采集的素材，如图1-10所示。

但是如果建立文件时建立的是NTSC制文件，而采集的是PAL制素材，则当输出时画面会变形，由原素材画面尺寸的720像素×576像素大小转为720像素×480像素大小，由25fps转为29fps，但是Premiere进行了帧插值，所以影片速度和持续时间不变。

图 1-10 "项目"窗口

1.3 获取手机视频

1.3.1 手机与计算机的连接

为了把手机拍摄的素材导入到 Premiere Pro 系统中，首先要把手机素材拷贝到计算机上，通常有 3 种方式来实现：连线方式、红外方式和蓝牙方式。

1. 连线方式

用手机数据线将手机和计算机连接起来，然后从计算机上找到手机盘符，并把手机素材拷贝到计算机上。有时需要在计算机中安装手机自带的驱动程序后，手机才能被系统识别。

2. 红外方式

如果手机和计算机配备了红外线接口或红外适配器，则手机和计算机之间可以通过红外线接口实现数据传输。不过，红外传输要求手机和计算机之间的距离不能太远，而且两个设备的红外接口要互相对准，具有一定方向限制。

3. 蓝牙方式

如果手机和计算机都配备了蓝牙芯片或蓝牙适配器，那么也可以进行无线连接。此时手机和计算机的距离可以远些，并且两者的对接没有方向限制。

1.3.2 格式转换

手机视频拷贝到计算机以后，有些格式的文件 Premiere Pro 是不能识别的，需要进行格式转换。在之前学习过的《网络视频与手机电影拍摄》一书中，对手机格式转化已经进行了比较深入的讲解，在这里不再赘述。当格式转换完成后，就可以为手机电影的编辑进行下一步工作了。

1.3.3 建立手机编辑项目

由于手机拍摄的素材有不同的尺寸及其他规格，因此建立编辑项目时需要进行相应的设置。

（1）在"新建项目"窗口中打开"自定义设置"选项卡，将"编辑模式"改为Video for Windows。

（2）根据手机视频的宽高来设置项目的"屏幕大小"。

（3）如果手机视频是没有场的，则将"场"设置为"无场（向前扫描）"，如图1-11所示。

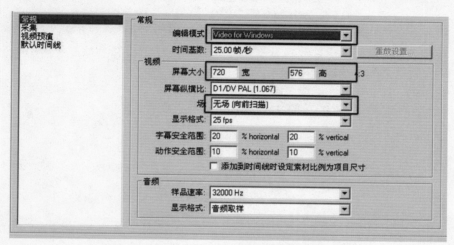

图1-11 "自定义设置"选项卡

（4）指定项目存放路径，输入项目名称后创建项目。

1.3.4 导入手机电影

执行"文件"→"导入"命令，打开"导入"对话框，如图1-12所示。

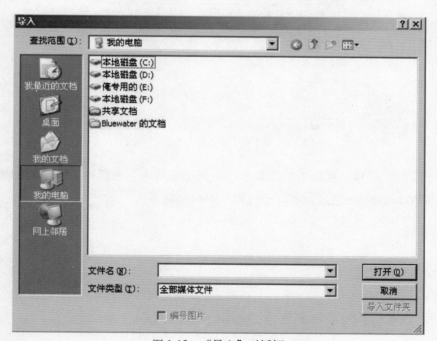

图1-12 "导入"对话框

找到手机电影存放的路径，选中影片文件后单击"打开"按钮，手机电影将导入到"项目"窗口中，如图 1-13 所示。如果需要将一个文件夹中的文件都导入到非线性编辑系统中，可以先选中该文件夹，然后单击"导入文件夹"按钮，如图 1-14 所示。

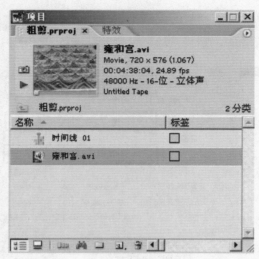

图 1-13　导入文件后的"项目"窗口

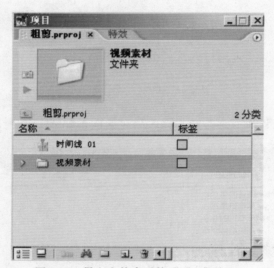

图 1-14　导入文件夹后的"项目"窗口

另外，也可以在"项目"窗口的空白处双击，弹出"导入"对话框，接下来的导入步骤同上。素材导入到 Premiere Pro 之后就可以进行影片编辑处理了。

第2章　影视编辑案例

本章主要内容：

- 管理素材
- 预览素材，设置编辑点
- 基本剪辑技术
- 为影片加入背景音乐
- 输出设置及影片输出

本章重点：

- 设置编辑点
- 基本剪辑技术
- 如何输出影片

本章难点：

- 设置编辑点
- 组接画面和修改画面编辑

学习目标：

- 对素材进行管理
- 独立完成简单的视频剪辑
- 为视频加入背景音乐
- 将完成的影片输出

上一章已经学习了如何把素材采集到数字非线性编辑系统中，接下来将面临如何管理素材，如何将素材编辑成节目并输出等问题。本章将通过组接、修改一小段画面来具体学习数字非线性编辑的基本剪辑技术，并在实际操作中熟悉影视编辑的工作流程。本章所介绍的最基本的数字非线性编辑技术是掌握影视编辑艺术和高级编辑技术等内容的基础和保障。

2.1　如何组织素材

在影片的编辑过程中，剪辑师需要合理有效地组织、管理好各种素材，为高效完成影片编辑创造条件。

2.1.1　为素材分类

影片编辑可能涉及到的素材多种多样，有拍摄素材、图片素材、计算机生成的动画素材、资料素材、音乐素材、配音素材等，如果素材管理不当，会给影片工作带来诸多不便。作为素材管理的第一步，就是要根据素材的类型不同而分类存放。

1．导入素材

建立一个新项目，设置视频制式为 DV-PAL，采样频率为 48kHz。

双击"项目"窗口的空白处，弹出"导入"对话框，打开"D:\后期制作\第 2 章"。用鼠标左键将所有文件框选或按 Ctrl+A 键将所有文件选中，单击"打开"按钮将素材导入，如图 2-1 所示。

图 2-1　导入文件

2．素材类型

Premiere Pro 1.5 支持多种格式的视频、音频、图片等文件。视频格式有 AVI、MPEG、WAV 等；音频支持 WAV、MP3、AIFF 等；图片素材格式有 BMP、TIFF、AI、JEPG 等。在导入文件时可以查看 Premiere Pro 1.5 支持的文件类型。

有些文件格式是系统所支持的，但却不能导入到系统中，可能是文件系统不识别该文件的编码，如 AVI 视频文件就有很多编码标准，有些 AVI 必须要经过转换才能被系统识别。

3．分类管理

素材导入到"项目"窗口中以后就可以分类存放。

（1）单击"项目"窗口下部的"新建文件夹"按钮，在"项目"窗口中建立一个新的文件夹，其默认名称是"文件夹 01"，如图 2-2 所示。

图2-2　建立文件夹

（2）将"文件夹01"改名为"音频"，并把"背景音乐.mp3"文件拖拽到此文件夹里存放，如图2-3所示。

（3）用同样的方法建立一个名为"视频"的文件夹，并将所有的视频文件存放到该文件夹中。经过这样素材分类存放后，"项目"窗口就显得整洁且条理了很多，为有效的编辑工作创造一个良好的工作环境，如图2-4所示。

图2-3　放置音频素材到文件夹中

图2-4　完成对素材的分类

2.1.2　查看素材信息

在编辑过程中，有时需要了解素材的相关信息，如画幅尺寸、帧频、长度、声音质量等，此时可以选中素材文件，在"项目"窗口的右上角就会显现这段素材的基本信息，如图2-5所示。

图2-5　查看素材的基本信息

2.2 影视编辑快速入门

科学合理地管理素材，为影片的编辑作好准备。影片的编辑就是要从素材中挑选合适的镜头组接在一起，对这些镜头组合进行必要的调整后即完成影片。

2.2.1 开始编辑

1. 预览

预览素材是在监视器窗口的素材监视窗口中进行的。双击"项目"窗口中的"宫殿.avi"素材，该素材就显示在素材监视窗口中。另外也可以直接将素材由"项目"窗口中拖拽到素材窗口中，如图2-6所示。

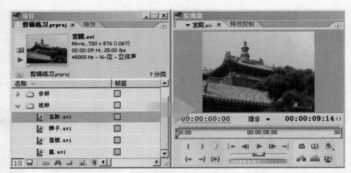

图2-6 将素材在素材窗口中打开

使用素材监视窗口中的浏览工具可以查看、搜寻素材。

拖动时间指示标 或者按住飞梭 ⬛—— 工具左右拖动，可以快速地浏览素材。

拖动缩放条 的两个端点，可以对时间单位进行缩放。

向左、向右拖动慢巡盘 可以慢速查看素材。

按下 ◀ ▶ ▶ 中间的按钮是正常播放素材；按下两边的按钮可以分别向后、向前走一帧。

2. 设置入、出点

使用素材浏览工具找到剪辑的起始点，单点 按钮设置编辑的入点，如图2-7所示。

用同样的方法找到编辑的结束画面，单击 按钮设定编辑的出点位置，如图2-8所示。

图2-7 设置素材入点　　　　　　　图2-8 设置素材出点

这样素材的入、出点位置就确定了，入、出点的中间部分呈蓝灰色显示。

3．编辑方式

与其他数字非线性编辑系统一样，Premiere Pro 组接素材也有两种方式：插入方式和覆盖方式。插入方式就是把素材插入到选定的时间点上，该时间点上原先的节目向后顺延。覆盖编辑方式是把素材编辑到选定的时间点上，该时间点上原先的节目会被新素材替换。通过以下的实际操作可以对这两种编辑方式有更直观的了解。

（1）将节目窗口中的时间指示器归零，单击素材窗口中的"插入"按钮，将选好的"宫殿.avi"素材编辑到时间线，如图 2-9 所示。

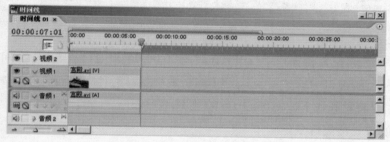

图 2-9 插入"宫殿"素材

（2）双击素材"屋檐.avi"在素材监视窗口中打开，在时码 00:00:14:00 处设置入点，在时码 00:00:20:00 处设置出点。单击"插入"按钮，将"屋檐.avi"素材编辑到时间线"宫殿.avi"素材之后，如图 2-10 所示。

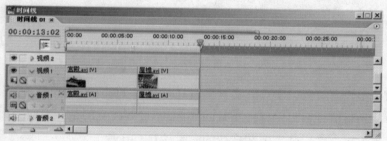

图 2-10 插入"屋檐"素材

（3）单击节目监视窗口中的"转到上一个编辑点"按钮，将时间指示器放置在素材"宫殿.avi"和"屋檐.avi"的结合点，这是设置时间线上的下一编辑的入点。

（4）将素材"狮子.avi"在素材监视窗口中打开，在时码 00:00:09:00 处设置入点，在时码 00:00:17:00 处设置出点。单击"插入"按钮，则"狮子.avi"素材插入到"宫殿.avi"与"屋檐.avi"之间，如图 2-11 所示。此时影片的总长度变长了，为 3 段素材的时间长度之和。

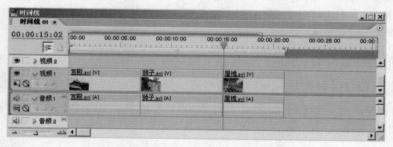

图 2-11 插入"狮子"素材

（5）将节目窗口中的时间指示标放置到时码00:00:06:00的位置，如图2-12所示。

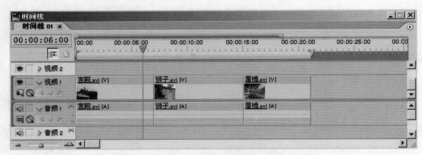

图2-12　设置时间指示标所在的时间

（6）将素材"匾"在素材监视窗口中打开，在时码00:00:05:00处设置入点，在时码00:00:09:00处设置出点。单击素材监视窗口中的"覆盖"按钮 ⟲ 将素材编辑到时间线上，如图2-13所示。此时可以看到，"匾.avi"素材将时间线上时码00:00:06:00到00:00:10:00之间的"宫殿.avi"和"狮子.avi"给覆盖掉了，而影片的总长度没有变化。

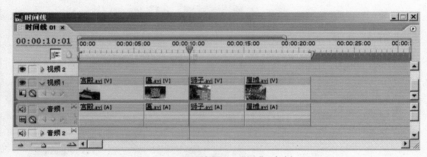

图2-13　覆盖导入"匾"素材

在素材监视窗口中设置好入、出点的素材编辑到时间线上除了使用"插入"和"覆盖"按钮外，也可以直接将素材从素材监视窗口中拖拽到时间线上，不过要注意的是，直接拖拽默认为覆盖编辑方式，如果想采用插入编辑方式，则需要在拖拽的同时按往Ctrl键。

2.2.2　修改编辑

将选择的素材编辑到时间线上已经完成了影片编辑的第一步，即粗剪（或粗编）阶段。此时影片的大样已经搭好，但编辑可能还没有达到预期的效果，还需要调整结构，修改编辑点，这就是编辑的精剪阶段，也叫精编阶段，这是一个精雕细琢的过程。

数字非线性编辑系统的时间线能直观地显示各素材的组接，对精剪处理非常有帮助，同时非线性编辑系统提供的各种编辑工具可以方便快捷地完成影片的修改工作。

1．时间线

时间线是数字非线性编辑重要的窗口，编辑工作主要是在时间线上进行的，如图2-14所示。

（1）时间指示标。拖拽时间指示标可以快速搜寻、查看时间线上的节目，时间指示标停留的位置可以视为默认的一个编辑点，如在上面插入"狮子.avi"素材时，如果想转到一个特定时间，可以单击左上角的时间码，直接输入时间码即可。

缩放条　时间指示标　影片范围条

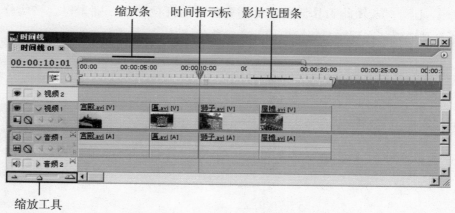

缩放工具

图 2-14　"时间线"面板

（2）缩放条。与素材监视窗口的缩放条在功能上是一样的。拖动时间线面板的缩放条不但时间单位会随之变化，在时间线中编辑的素材也会随之拉长或缩短显示，如图 2-15 所示。不过这仅仅是显示的变化，素材的实际持续时间是没有变化的。

图 2-15　缩放对比

（3）影片范围条。显示影片的长度范围。在影片输出的时候可以调整影片范围条涵盖的范围来对影片进行部分输出。

（4）缩放工具。与缩放条的功能是一样的。向左拖动三角滑块 ⬜△⬜ 可以缩小显示的时间单位，反向拖动则可以放大显示的时间单位。也可以单击左边的小三角 △ 对时间单位进行缩小显示，单击右边的层叠小三角 ◁ 可以对时间单位进行放大显示。

（5）时间线面板默认包含3个视频轨道和3个音频轨道，在创建项目文件时可以对此进行设置。编辑师要合理利用时间线上的视频/音频轨，可以把不同的音、视频素材放置到不同的轨道上，但要注意，上一层的视频素材会遮挡住下一层的视频，所以在编辑过程中，可以把镜头的组接主要放在一两个视频轨道上，一些暂时用不上但将来可能会使用到的视频可以放到别的视频轨上，为了不影响编辑，可以把该视频轨边上的小眼睛图标关掉，以暂时隐藏这些素材。

2．工具条

工具条上有 11 个功能各异的编辑工具，如图 2-16 所示，其中以下两个最基本、最常用：

（1）选择工具 ▶ 。用选择工具选中时间线面板中的素材，可以通过拖拽选择的音、视频素材在轨道上移动，同时也修改了节目的编辑。

（2）剃刀工具 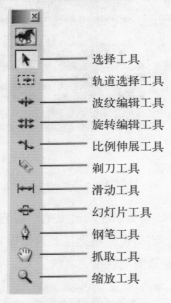。选择此工具后在素材需要断开的部位单击，则素材会被切分，如图2-17所示。剃刀工具是剪辑师在视频剪辑过程中非常重要的工具。

选择工具

轨道选择工具

波纹编辑工具

旋转编辑工具

比例伸展工具

剃刀工具

滑动工具

幻灯片工具

钢笔工具

抓取工具

缩放工具

图2-16　工具条

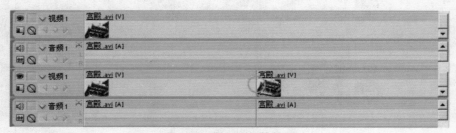

图2-17　剃刀工具的使用

3．修改编辑

下面对之前粗编的影片进行修改。

（1）用剃刀工具在时间码00:00:05:00处单击，将"宫殿.avi"素材断开，如图2-18所示。

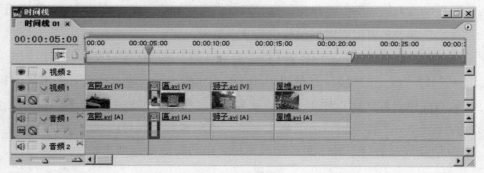

图2-18　断开素材

（2）在第二段断开的"宫殿.avi"素材片段上右击，在弹出的快捷菜单中选择"波纹删除"选项，被选中的素材被删除，其后面的素材自动跟进，将缝隙填补，如图2-19所示。

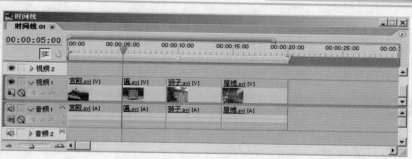

图 2-19　波纹删除素材片段

（3）将时间指示标放置在素材"狮子.avi"和"屋檐.avi"的结合点，然后按下节目窗口中的"入点设置"按钮，如图 2-20 所示。

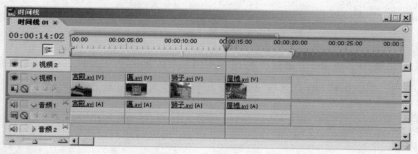

图 2-20　设置素材入点

（4）将时间指示标放置到时码 00:00:15:00 处，设置出点，出入点之间的素材即被选中，如图 2-21 所示。

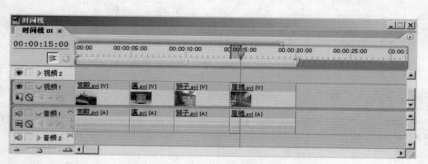

图 2-21　在节目窗口中设置入出点

（5）按下节目窗口中的"析取"按钮，可以将入出点之间的素材片段删除（如图 2-22 所示），效果与之前先用剃刀工具分切后再右击并选择"波纹删除"选项是一样的。

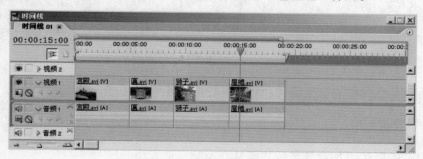

图 2-22　析取素材片段

（6）选中选择工具，将鼠标光标放置到素材"匾.avi"和"狮子.avi"的结合点，按住Ctrl键不放，在靠近"匾.avi"的一侧光标自动变为，向右拖动将"匾.avi"的出点时间向后延长一秒。"匾.avi"的持续时间延长，整个影片变长，如图2-23所示。

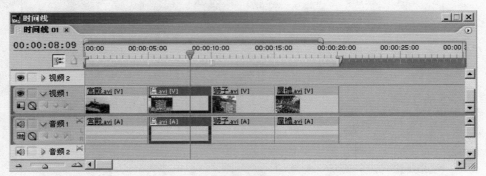

图 2-23　重新设置"匾"素材的出点

（7）用选择工具选中"匾.avi"素材，在按住Ctrl键的同时将"匾.avi"素材拖拽到"屋檐.avi"之后并松开鼠标，此时"匾.avi"和"屋檐.avi"就掉换了位置，如图2-24所示。

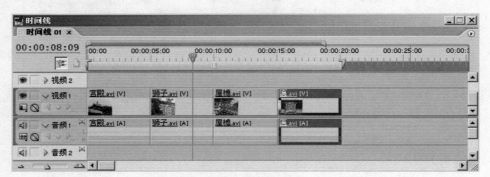

图 2-24　移动"匾"素材的位置

（8）以同样的方式将"狮子.avi"素材拖拽到"屋檐.avi"和"匾.avi"之间，如图2-25所示。

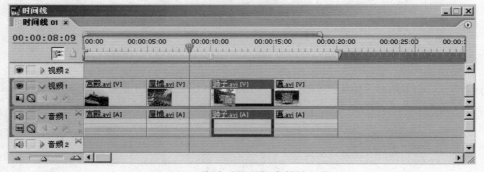

图 2-25　移动"狮子"素材的位置

影片的精剪就是在这样的反复移动和修剪过程中完成的。

2.2.3　添加背景音乐

下面为修建过的影片添加背景音乐并调整音乐的音量大小。

（1）将项目窗口中"音频"文件夹里的"背景音乐.mp3"拖入到素材监视窗口中，此时监视窗口上显示的是音乐的波形，如图2-26所示。浏览音频文件和浏览视频文件是一样的。

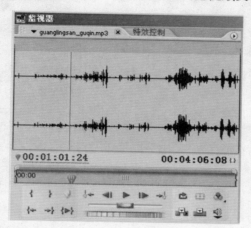

图2-26 素材监视窗口

（2）分别在00:00:28:00和00:00:28:05处设置编辑的入点和出点，如图2-27所示。

（3）将"背景音乐.mp3"从素材窗口中拖拽到时间线面板中的"音频2"轨道上（如图2-28所示），而"音频1"轨道是影片的同期声。

（4）播放一下影片，发现背景音乐过大。用选择工具选中时间线上的"背景音乐.mp3"，然后单击素材监视窗口中的"特效控制"标签，监视窗口切换到特效控制选项卡，如图2-29所示。

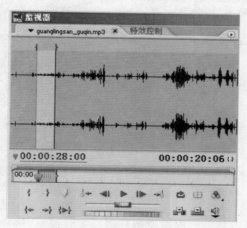

图2-27 设置音频的入出点

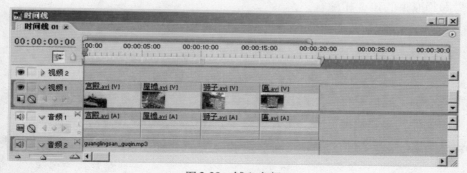

图2-28 铺入音频

（5）单击"固定的特效"下Volume（音量）旁边的小三角，展开音量调节属性，如图2-30所示。

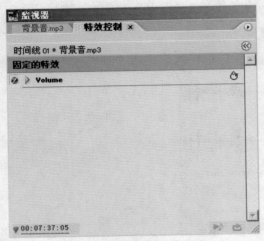
图2-29 "特效控制"选项卡

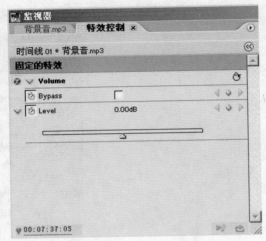
图2-30 展开Volume属性

（6）左右拖动Level（电平）的调节滑标可以增大或减小声音音量，这里把声音调到-2.05dB处，如图2-31所示。

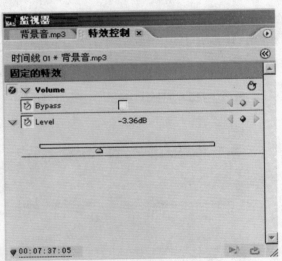
图2-31 调节音量

在拖动三角滑标的同时可以按下空格键对影片进行实时预览，这样可以更精确地调节背景声音的音量，使其与影片原来的声音相配合。

2.3 视频输出

当影片剪辑全部完成后就可以把影片输出了。

（1）选择"文件"→"输出"→"影片"命令，弹出"输出影片"对话框。

（2）为将要输出的影片起一个名称"简单编辑"，并选择输出文件将被放置的文件夹，如图2-32所示。

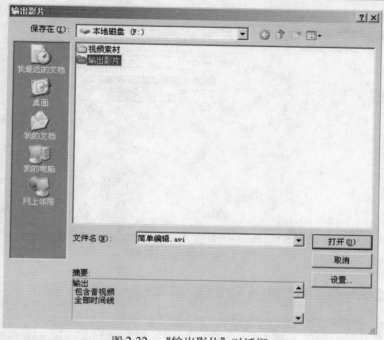

图 2-32 "输出影片"对话框

（3）单击"设置"按钮，弹出"输出电影设置"对话框，如图 2-33 所示。可以看到，在输出的时候可以选择输出文件类型、输出范围以及只输出视频或音频等。

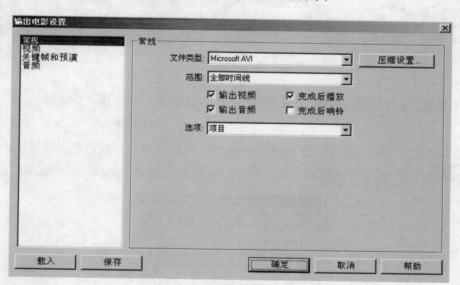

图 2-33 "输出电影设置"对话框

（4）可以选择视频输出的文件类型，这里选择默认的 Microsoft AVI。

（5）在"范围"下拉列表框中，包含两种范围选择方式："全部时间线"和"工作区域栏"。输出"全部时间线"就是将时间线上所有的影片文件全部输出，输出"工作区域栏"就是只输出工作区域范围内的影片，如图 2-34 所示。

影片范围的设置方法：用鼠标左键按住"影片范围条"两边的范围设置点并向中间拖动，到合适的时间部位松开鼠标左键即可，如图 2-35 所示。

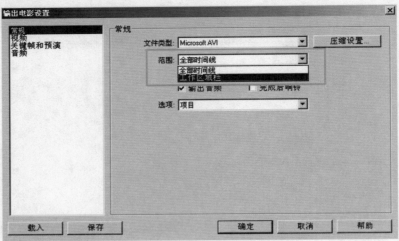

图 2-34　选择输出范围

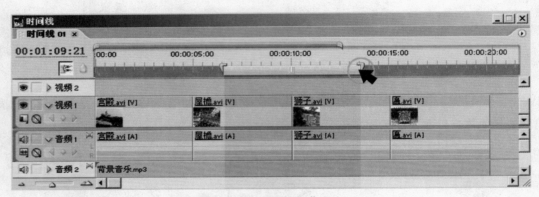

图 2-35　设置输出范围

对于其他参数，对影片没有特殊要求不要改动。在本例中，应选择"全部时间线"将影片全部输出。

（6）设置完毕后，关闭"输出电影设置"对话框，单击"保存"按钮将影片输出。这时会弹出一个输出的提示窗口，如图 2-36 所示，从上面可以看到输出进度、剩余时间等有用信息。

图 2-36　输出提示窗口

输出完成后，就可以在输出时选择的文件夹里找到压制后的视频文件了，可以用相应的播放器打开输出后的视频文件。

第 3 章　动作剪辑实战

本章主要内容：

- 影视剪辑的作用
- 动作影视场景剪辑技巧
- 动作场景剪辑实战训练

本章重点：

- 影视剪辑的作用
- 动作场景的剪辑原则和技巧
- 动作场景剪辑实战训练

本章难点：

- 掌握常见动作场景的剪辑技巧

学习目标：

- 了解剪辑在影视创作中的作用
- 提高动作场景的剪辑水平

影视剪辑是影视创作中重要的创作阶段。通过剪辑师创造性的工作,原先拆分拍摄的镜头得以重新组合成为一体,同时通过镜头的剪辑组接技巧使影视作品达到更高的艺术境界。本章除了介绍影视剪辑的基本作用外,还将着重介绍动作场景的画面剪辑原则和技巧,并通过实际的剪辑训练来加强对常见动作场景剪辑原则和技巧的掌握。

3.1 剪辑的意义

剪辑是影视创作中不可缺少的一个重要环节。影视作品中连续进行的故事情节往往被拆分成一系列镜头,这些镜头被分别拍摄、记录下来,然后在后期的剪辑创作中,这些分别拍摄的镜头被重新组合,形成最终的作品。影视创作的这种工作模式有其特别的意义。

3.1.1 影片为什么要剪辑

1. 拆分和重组镜头

影视创作之所以要将镜头拆分拍摄,然后剪辑重组,主要出于对画面效果和制作成本两个因素的考虑。

(1) 画面效果因素。

镜头拆分后,创作人员可以选择最合适的角度来拍摄,以获得最佳的画面效果。然后通过后期的剪辑处理把特定的画面出现在特定的时间点上,以获得特定的视觉效果,同时引导观众的视点,传达创作者特定的创作意图。

实际上,镜头经过这样分解、重组后所获得的艺术效果是不一样的。电影大师希区柯克的《夺魂索》(1948 年),尝试用"一个镜头"来讲述一个精心设计的谋杀案,在房间里来回移动的镜头记录下了整个事件的开始、发展和结局,但同时也记录了一些对讲述故事不太有帮助的东西。比如,在宴会结束后老仆人开始收拾桌子,镜头就停在桌子旁边,客人们在画面外聊天,画面里只看到仆人一趟又一趟地把桌上的食物、餐具收拾起来,端起东西从客厅经过门厅、餐厅一直走到较远的厨房,接着抱回来一些书,然后再收拾,再回来,如图 3-1 所示。仆人这样来回了三趟后镜头才动起来,使影片显得十分沉闷、冗长。

图 3-1 仆人将餐具端向厨房

　　在接下来的一段对话场景中,镜头跟随仆人的离去而将死者的姑妈带入画面,然后镜头跟着姑妈的走动向右移到了死者父亲,接着向右摇,分别经过两个凶手后落到老师身上,如图 3-2(a)~(e)所示。镜头在老师身上停了一会儿后,就又向左摇回来,从老师经过凶手再回到死者父亲,如图 3-2(f)~(h)。这样处理主要是让观众看清剧中人的不同反应,但镜头如此移动显得多余了,因为其中大部分的摇过程对讲述故事没有任何帮助,仅仅是为了调整拍摄的角度,结果故事的叙述发展显得有些拖沓,不如在镜头摇到死者父亲后停住,然后直接剪切到两位凶手和老师的表情反应,最后再切回到死者父亲这个角度,这样就显得干脆利索了很多。尽管《夺魂索》中有不少影视创作中非常创新的东西,但"一个镜头"的尝试使《夺魂索》只能算是一部实验电影。

　　在希区柯克的另一部电影《惊魂记》(1960 年)中,浴室谋杀的段落就充分运用了镜头的拆分和重组,其血腥的谋杀场面一直为影视工作者所津津乐道。具体镜头的组接如表 3-1 所示。

(a) (b)

(c) (d)

(e) (f)

图 3-2（一）　通过镜头的移动来展现人物

(g)　　　　　　　　　　　　　　　　　　(h)

图3-2（二）　通过镜头的移动来展现人物

表3-1　《惊魂记》浴室谋杀场景分镜头表

镜头	景别	长度（NTSC）	内容
1	近景	16秒20帧	女秘书正在淋浴，没有觉察一个黑影慢慢走进浴室，停在浴帘后。突然浴帘被撩开，凶手高举着一把尖刀站在那里
2	近景	19帧	女秘书惊恐地转过身
3	特写	20帧	女秘书惊恐的脸，尖叫着
4	大特写	19帧	女秘书张大着嘴，尖叫着
5	近景	26帧	凶手挥下尖刀
6	近景	20帧	尖刀挥向女秘书，女秘书挣扎躲闪
7	近景	15帧	凶手抢起尖刀
8	近景	13帧	女秘书的腰部，手向上抬去
9	近景/俯视	23帧	女秘书用手顶着凶手拿刀的手
10	特写	1秒2帧	女秘书不停摇晃、尖叫着的头
11	近景/俯视	1秒13帧	凶手刺向女秘书，女秘书顶着凶手的手
12	特写	29帧	女秘书张大嘴、尖叫着的头
13	近景/俯视	23帧	女秘书顶着凶手的手
14	近景	23帧	凶手抢起尖刀往下插
15	近景	19帧	女秘书的头向左躲
16	近景	15帧	凶手向下刺
17	近景	15帧	女秘书的头向右躲
18	近景	21帧	凶手向下刺
19	近景	25帧	女秘书的头向右躲
29	近景	10帧	凶手向下刺
30	近景	14帧	女秘书的头向左躲
31	近景	11帧	凶手向下刺
32	特写	10帧	尖刀刺向女秘书腹部
33	近景	10帧	女秘书的头向右躲

续表

镜头	景别	长度（NTSC）	内容
34	特写	14帧	握着尖刀的手向下刺
35	特写	11帧	女秘书的背，一个手与凶手的手撑着
36	近景	18帧	女秘书尖叫着的头，左手向前伸
37	近景/俯视	1秒5帧	女秘书的脚，水里有血
38	特写	16帧	女秘书的头向左躲
39	近景	11帧	女秘书举着双手向后转，刀向下刺
40	近景	26帧	女秘书的脚，水里有很多的血
41	特写	24帧	女秘书在空中挥动的手
42	特写	1秒4帧	女秘书的半边后脑勺，脸和手贴在墙上
43	中景	1秒2帧	凶手离开浴室
44	特写	5秒29帧	女秘书贴着墙的手慢慢下滑
45	近景	18秒23帧	女秘书背贴着墙慢慢下滑，手向前伸
46	特写	6秒01帧	手抓到浴帘
47	中远景/俯视	26帧	女秘书跪着向右倾倒
48	特写	1秒19帧	浴帘从挂钩上被扯下
49	近景	1秒25帧	浴帘跌落，女秘书一头栽下
50	特写	1秒6帧	喷水的喷头
51	近—特/摇	17秒21帧	从女秘书的脚顺着血流摇到浴盆的下水口，推近至满屏（叠画出）
52	特—近/拉	30秒29帧	（叠画入）从女秘书睁大的眼睛拉出，女秘书脸贴在地板上

在上述一分多钟的段落中，导演用了50多个镜头来描述，虽然是黑白片，而且刀子根本就没有刺到演员（除了上面第32个镜头中刀与演员腹部有轻微的接触），但是最后的效果却使人觉得，片中的女秘书一次又一次被凶手刺杀，场面十分逼真。难怪有人说，看到如此的画面甚至能闻到现场的血腥味。这些效果的得来，很大程度上得益于剪辑的创作，难怪希区柯克在比较《夺魂索》和《惊魂记》以及其他影片后，无不感叹道："电影是必须要剪的"。

（2）制作成本因素。

影视创作是一个多部门合作的工程，在现场拍摄中涉及到的主要部门有导演组、摄像组、灯光组、美工组以及演员组等，拍摄中任何一个部门配合不到位，所拍摄到的画面就可能不是原先所设计的。很显然，镜头越长，拍摄时出现差错的几率就越高，制作成本也会相对越高。希区柯克在拍摄《夺魂索》时，花了大量的时间来排练，以确保各部门在特定时间做指定的事。经过多次磨合后，在第一次正式开机拍摄时，开始前面一切都很正常，就在这个镜头即将结束时，突然发现一名电工出现在画面的一个角落，于是之前近10分钟的拍摄全部报废，不得不重来一遍。后来，当全片拍摄完成后，希区柯克觉得后几场戏中黄昏的布景颜色不合适，一定要换布景，于是所有黄昏的戏都要重新拍摄。这样反复拍摄，整个制作费用也自然会增加。

如果希区柯克当初将一个长镜头拆分成几个短镜头，拍摄时出现的差错可以相对减少，即使出现如更换黄昏背景的情况,重拍时也只需拍摄那些露出黄昏布景的镜头,其他没有露出黄昏背景的镜头可以不用重来。相对而言,这样的操作可以节省不少制作成本。

手机、网络视频作品一般篇幅较短,制作工序相对简化,但目前不少创作者却因此降低要求,许多作品都是一个镜头完成的,制作十分粗糙。如果创作者能从最初策划开始好好设计,拍摄时周密安排,并根据创作需要合理拆分镜头,再经过后期剪辑的精雕细琢,手机、网络视频作品是可以做得很精美的。

2. 剪辑的作用

影视剪辑需要把分别拍摄的镜头重新组合在一起,但远不止如一般人认为的那样——影视剪辑就是把废的、不好的画面剪掉,再把好镜头串在一块——影视剪辑在组接镜头的同时,还要完成以下主要任务。

(1)还原动作。

由于镜头是分解后分别拍摄的,一个连续的动作可能会被拆分成一系列的镜头,剪辑师就需要把这些镜头重新组合,还原连续的动作。

其实在电影的初创时期并没有什么动作的拆分与重组,当时拍电影其实就是在感兴趣的事件前架上一个摄影机,拍完机器里的胶片算是完成一个电影。后来,当人们发现镜头里的动作可以分解并通过剪辑来重新组合时,拆分动作和组合动作就成为了影视创作的基础方法,而将片段的、分别拍摄的影视画面重新有机地组合起来,还原为故事中连续活动的整体,就成为了影视剪辑的主要任务之一。

(2)控制节奏。

影视镜头的重组是剪辑工作的再创作过程,在这个过程中,剪辑师要根据故事发展的需要,决定每个画面该从什么地方剪、停留多长时间,从而决定每个镜头、场景、段落的长度、顺序和结构,同时也控制了整个作品的节奏。通常而言,紧张情节的镜头其停留时间较短,节奏相对较快,而抒情场景的镜头则会相对较长,其节奏就显得较缓。

当然,影视节奏不仅仅是镜头在时间上延续多少,还包含镜头在观众内心所产生的时间延续感。人的心理作用使得时间往往与真实不符:在紧张时总觉得时间走得慢长,而轻松时觉得时间走得飞快。影视剪辑中常常利用人的这种心理感受来组织镜头。比如定时炸弹不小心被触发,爆破专家正在最后的30秒钟里努力拆除炸弹,荧幕上会反复出现爆破专家与指挥官的无线电沟通、警察在疏散人群、匪徒在与官员讨价还价等,各类人物的内心世界、实际行动可能都统统表现、挖掘一番,于是这30秒钟的拆除炸弹过程可能要在荧幕上出现长达2~3分钟甚至更长。但如果剪辑处理得当,场面的紧张气氛就能渲染得很好,观众是不会觉察到这有什么不妥的,他们同样为荧幕上的人物着急,这都是剪辑控制节奏的功劳。

如果节奏控制不好,镜头在荧幕上的停留时间不合适,创作者的意图不能与观众的观赏心理一致,就会给人以情节拖沓或故事仓促的感觉,这点在许多手机、网络视频作品中尤为突出。不管是传统意义上的电影电视,还是新兴的网络视频、手机电影,在创作中都不应该把生活中那些鸡毛蒜皮毫无意义的事统统照搬。表现应该是有选择性的,不该展现的就不要出现,同时,在需要强调时又要不惜篇幅进行突出描绘。至于如何构架故事并控制好节奏,则需要影视剪辑师不断地实践和总结。

(3)转换时空。

　　影视创作，即使是记录真实生活的作品，荧幕上的镜头也都是经过精心设计而编排出来的，就在剪辑师对镜头的取舍组合之间，荧幕上的时间和空间也发生了转换，如图3-3（a）～（e）。于是在两个镜头的转换中，荧幕上已经过了若干年，故事的主角已由少年长大成人，故事也由农村转移到了城市。正是由于影视剪辑的可能性和剪辑师的创造性工作，影视才具有可视性，否则观众只能坐在影院里苦等若干年，看着荧幕上面的主人公吃喝拉撒地长大，再历尽艰辛从农村到了城市，这该是怎样的遭遇呢？

　　（4）宣扬主题。

　　任何影视作品都有其各自的主题，也就是创作者想向观众传达什么样的信息，是让观众得到愉悦，抑或是启发观众思考某一问题，使观众受到教育等。影片的主题在设计故事和拍摄阶段已经明确，但需要剪辑的剪裁和提炼。剪辑得好坏，直接关系到影片的主题是否鲜明。

（a）主人公还是一个小孩儿

（b）老人的手抹向小孩儿的脸

（c）老人继续在说话

（d）老人的手继续向下抹

（e）老人的手移开时，主人公已经长成了一个小伙子

图3-3　电影《天堂影院》中的一个时空变换

俄罗斯电影先驱爱森斯坦的《战舰波将金号》（1925年）讲述一个水兵起义的革命故事：残暴的沙俄当局给水手吃生蛆的肉，水手提出抗议，军事法庭却要处决他们的领头人；甲板上对领头人执行枪决前的一刻，枪手将枪口对准了沙皇军官--水手升起了起义的旗帜；在与当局的军舰激战后，水手们开着军舰胜利地驶向远方，如图3-4（a）所示。

当时国外的一个发行商想购买该片，但当地政府以此片鼓吹革命为由而不予以批准。后来发行商在不删减任何情节、镜头的情况下重新剪辑了一下，影片居然获准上映了。发行商具体的修改是：先不表现军事法庭的审判和执行枪决，于是水手们起义的原因就变成了在肉里发现蛆（而不是当局要处决水手的领袖）；之后的情节不变，当局派军舰来镇压，双方激战后，起义的军舰开向远方。此时发行商却把法庭的审判和执行枪决的情节接在后面，于是结局就成了沙皇镇压了起义并掌握了局势，水手们受到了审判并被枪决，如图3-4（b）所示。

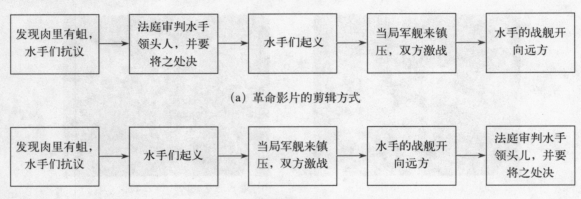

（a）革命影片的剪辑方式

（b）反革命影片的剪辑方式

图3-4 剪辑可以影响影视作品的主题

经过这么一剪，本来一部革命影片却成了反动电影了。由此可见，剪辑是可以影响和改变作品的主题思想的。

以上列举了剪辑在影视创作中的主要作用，当然，剪辑的工作任务、作用还可以罗列得更多，总而言之，正是有了剪辑以及其他创作人员的工作，故事得以在荧幕上发生，而荧幕上的世界才会丰富多彩。手机、网络视频作为传统影视的延伸，在运作上多少有所不同，但同样是可以通过后期剪辑的再创作制作出精彩作品来的。

3.1.2 画面蒙太奇

蒙太奇是影视作品叙述和表现的基础。影视创作人员应该了解蒙太奇，剪辑师也不例外。

1. 蒙太奇是什么

蒙太奇（montage）是从法语的建筑学名词借用过来的，在影视创作中最初是指一系列没有直接关系的画面，精心组接在一起后能表达全新的、特别的意义。例如：

镜头1：富人家里盛大的家庭宴会

镜头2：大街上奄奄一息的乞丐

两个画面单独放映时只是其自身的内容：一个是富人家的宴会，另一个是大街上的乞丐。但如果两者连在一块，则能传达出"朱门狗肉臭，路有冻死骨"的社会惨状，而这一含义在原先画面里是不存在的。这两个镜头的组接就是一种蒙太奇。

　　俄罗斯电影先驱最早深入研究蒙太奇理论并将之付诸到各自的电影创作中，其中要数爱森斯坦和普多夫金等人的研究和实践最具影响力，爱森斯坦的《战舰波将金号》、《十月》（1927 年）和普多夫金的《母亲》（1926 年）等影片，至今还被认为是蒙太奇运用的经典电影。

　　经过电影电视人一百多年的实践，影视蒙太奇理论已经有了很大的发展和完善，在现代影视创作中，蒙太奇泛指所有分别拍摄的镜头的组接。

　　2．蒙太奇应用

　　蒙太奇已经成了影视作品构成形式和组合方式的总名称，是影视艺术创作中重要的表现手段。蒙太奇不仅仅单纯地形式地串接起镜头，更重要的是，电影电视人可以将摄取于生活的真实面貌精心组合后，重新塑造、解释生活。

　　蒙太奇在影视创作中的应用形式是复杂多样的，不过归结起来无非两大类，即叙述蒙太奇和表现蒙太奇。叙述蒙太奇指将个别的镜头依照时间顺序、因果关系而串接起来，以讲述一个情节或故事。如以下几个镜头的组接：

　　镜头 1：女主角在卧室梳妆打扮

　　镜头 2：男主角在花店选鲜花

　　镜头 3：女主角收拾客厅

　　镜头 4：男主角手捧鲜花走在路上

　　镜头 5：女主角在客厅看书，听到门铃声

　　镜头 6：男主角在门外等待

　　镜头 7：女主角走去开门，和男主角一块走进客厅

通过这 7 个镜头的组接，就把男女主人公见面前的一些活动都描述出来了。

　　叙述蒙太奇侧重于交待情节、展示事件，镜头组接脉络较清楚，逻辑较连贯，明白易懂，是影视作品中最常见的叙事方法。而表现蒙太奇则注重镜头内在的联系，是通过镜头的组接在形式或内容上相互对照、冲击，从而产生单个镜头本身所不具有的一种联想或某种寓意，着重于表现主观的某种情绪或思想。比如之前提到过的"富人的盛大家庭宴会"和"街上奄奄一息的乞丐"这两个镜头的连接，由此而引申出社会不公的寓意，这两个镜头的组接就是一种表现蒙太奇手法。

　　表现蒙太奇就好似文学里的比喻、象征手法，重在"表意"和"写意"，这也是中国传统文化的精髓所在，在中国古代诗词中，这种手法就大量运用了，比如元代诗人马致远的《天净沙·秋思》：

　　　　　　枯藤　　老树　　昏鸦

　　　　　　小桥　　流水　　人家

　　　　　　古道　　西风　　瘦马

　　　　　　夕阳西下

　　　　　　断肠人在天涯

　　诗人通过一系列看似不相关的景物烘托出了流浪者沦落天涯的孤独与沧桑。而从影视蒙太奇角度来看，这首诗就是一部感染力极强的影视作品。正是由于中国传统文化的影响，表现蒙太奇在中国影视作品中被大量使用。

表现蒙太奇通过创作者对画面和画面组接的精心设计，传达创作者的思想。在表现蒙太奇剪辑中，相同画面而画面串接顺序不同，其传达的寓意也会不同。比如以下镜头的组接：

镜头 1：一个人在笑

镜头 2：手枪直指着

镜头 3：惊惧的脸

以上的组接顺序表达的是一个怯懦的人物形象。但如果把第一和第三个画面调换一下，变成"惊惧的脸"+"手枪直指着"+"一个人在笑"，则这个人物的形象一下子变成临危不惧而英勇起来。

根据不同的功能，叙述蒙太奇和表现蒙太奇还可以分解成更多的小类别，诸多蒙太奇手法共同构成影视创作构成和表现的基础。

3.2 动作剪辑的原则

剪辑师要把拆分了的镜头重新组接来重现故事。剪辑中最理想的镜头组接是不会引起观众注意的，观众注意到的只是故事情节的发展，而没有留意镜头在一个一个地切换。要达到理想的剪辑效果，剪辑创作是有一定的规则可遵循的。

3.2.1 影视剪辑的一般原则

剪辑师在剪辑镜头时，通常是从以下 3 个因素来考虑镜头的选择、串接的：

（1）动作因素。包括镜头主体的动作（主体的形体、言语、情绪等）和镜头的运动（推拉摇移跟升降等）。在组接镜头时，剪辑师要注意动作连接的流畅性，否则画面的连接会对观众的欣赏造成干扰。

（2）造型因素。含人物造型（化妆、服饰等）、环境造型（布景装饰、环境气氛等）、画面造型（构图、景别、角度、灯光、色彩等）。保证造型的一贯性，或按设计的思路循序变化，是剪辑师在剪辑镜头时要注意的，不要由于画面造型考虑不周而混淆视听。比如，一个人在做演讲，全景时是穿外套的，而中景时没有外套，如果这两种景别的画面反复剪切，后果可想而知。

（3）时空因素。包含镜头里故事的时空、镜头荧幕的时空和镜头组接时空等。任何故事都是一定的时间内在一定的空间展开的，剪辑师需要在限定的时间里（即影片的长度）将故事重现在荧幕这个特定空间里，故事的发生时间可以任意调整（如顺叙、倒述、闪回等），而这个特定荧幕里的时间空间又可以不受任何限制，比如画面中的人在与画面外的人交谈，由于对话的另一方并没有出现在画面中，这样故事的空间就延伸到了荧幕之外。又比如把"王府井的街景"与"中关村电脑店里抢购电脑的人群"组接在一块，虽然这两个镜头实际上没有什么关联，拍摄时间也可能不相同，但两者连在一起后给观众传达的信息就是王府井里人们在抢购电脑，于是镜头的组接就创造了全新的时空。由此看来，影视的时间与空间既真实，又虚拟，既是有限的，又是无限的，剪辑师在组接镜头时，务必在荧幕里给观众一个可以接受的、合理而不混淆的故事时空。

剪辑师要综合考虑以上因素，既要考虑到动作的恰当性，也要把握镜头造型是否优美，同时还要注意时空不能太突兀，剪辑师既不能把不好的镜头当好镜头使用，也不能漏掉好镜头，只有选择好合适的镜头，影片的质量才能有保障。

3.2.2 动作场景的剪辑原则

活动是影视作品的最基本的特征，因此动作场景成为了影视作品中不可或缺的部分。动作场景有极其复杂的，如沙场上的惨烈格斗，也有非常简单的，如一个简单的手势，处理这些动作场景时，剪辑师会特别考虑剪辑因素的动作因素。

1. 要保持主体动作的连续性

在分析连续动作的时候可以看到，一个连续动作是由多个小动作组成的，相邻两个小动作之间往往有或长或短的时间停顿，在这些停顿处切换画面能保持动作的连续性。比如一个人走向椅子坐下，人走到椅子边要坐下前是个停顿点，要坐和往下坐之间也有一个很短的停顿，于是镜头可以这么接：

（全景）人走向椅子，要坐下去，停顿稍许，如图3-5（a）所示。（切）

（中近景）人坐到椅子上，如图3-5（b）所示。

（a）出点在要坐下前   （b）入点在要坐下时

图3-5 坐的动作分切

在剪辑中通常是把动作停顿的短暂长度保留在第一个镜头里，而第二个镜头直接从分动作的启动开始（如图3-5（b）的往下坐）。根据情节的不同，动作接点也会稍作调整，比如上面的人怒气冲冲走过去坐下，为了加快节奏，可以把上面第一个镜头的末尾停顿处剪掉，这样人是走到椅子边一屁股就坐下去了，情节气氛得到了强化。

除了上面的坐下（起身的情况与此相似），下面列举一些常见动作的剪接点，不过要注意的是，所列剪接点只是常规剪辑情况下的选择，具体情形还要具体处理。

（1）握手。

最佳接点在两手接触的瞬间，以及握手动作的最高点和最低点，如图3-6（a）～（b）所示。

(a)

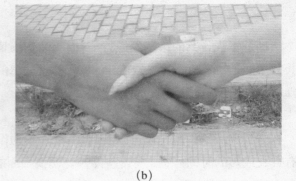

(b)

图 3-6　握手动作的分切

（2）开关门窗。

在手接触门窗而将之打开 / 关闭的一刻之前切换到另一个镜头，即手开始开 / 关门窗，如图 3-7 （a）和图 3-7（b）所示。遇到愤怒、紧张等情形，第二个镜头的切入点可以往后延稍许，这样切过来 时门 / 窗已经开 / 关上少许了。

(a)

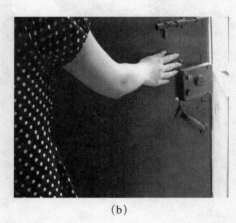

(b)

图 3-7　开门动作的分切

（3）喝水。

举起杯子送到嘴边要喝之前是个点，而喝完杯子往下送之前又是一个点，在这两个点上剪接不会 产生跳跃感，如图 3-8（a）和图 3-8（b）所示。

(a)

(b)

图 3-8　喝水动作的分切

（4）行走。

不管是本人接本人还是本人接其他人，在剪接行走动作时，一定要注意左右脚起落要合理，即上一个镜头左脚踩实后，在右脚抬起前接下一个镜头右脚抬起的一刻。如果画面里看不到主体人物的脚步动作，则以人物肩膀的活动作参考；如果连肩膀都看不见，就以头部动作参照。无论哪种情况，应该在主体动作的起幅和落幅处剪，如图3-9（a）和图3-9（b）所示。如果在动作的中间处剪接，主体的动作就会有较明显的跳跃感，如图3-10（a）和图3-10（b）所示。

(a)

(b)

图3-9 正确的走路动作分切

(a)

(b)

图3-10 动作分切点没在动作起/落幅处

另外，当镜头里的人物是朝某一方向运动时，相邻的两个镜头里人物的运动方向不应该是相反的，否则就是越轴，会造成视觉上的混淆。例如，在图3-11（a）中演员是向画面左侧方向行走的，而图3-11（b）中演员的脚是向画面右侧行走，如果直接把这两个画面接在一起，人们就不清楚演员到底是走向哪个方向的。

（a） 　　　　　　　　　　　　（b）

图 3-11　越轴会造成时空混淆

　　如果两个画面间插入一个"中性"镜头，如演员朝镜头方向走来（如图 3-12（a）所示）或者演员的特写镜头（如图 3-12（b）所示），这样由于荧幕上的空间已经被重新定义，视觉上就能保证连贯和统一。

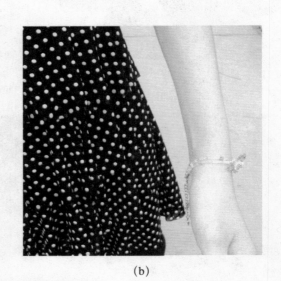

（a） 　　　　　　　　　　　　（b）

图 3-12　中性画面能重新定义荧幕的时空关系

　　（5）转头和转身。

　　转头和转身等是比较常见的动作，剪起来也比较难找点。不过有人经过长期研究，发现人在作回头、抬头、低头等动作时往往伴有眨眼的动作，于是可以利用眨眼、闭眼的一刻作为剪切点，如图 3-13（a）和图 3-13（b）所示，这样的剪接比较顺畅。

　　这种技巧也可以用于转身等动作的剪接。另外，转头、转身等动作也可以在一定的运动幅度处剪切，比如 90°的转头/转身动作可以在动作 45°处剪接，而 180°的转幅则可以在运动 90°处剪接，如图 3-14（a）和图 3-14（b）所示。

（a）

（b）

图 3-13　眨眼/闭眼可以作为动作分切点

（a）

（b）

图 3-14　根据运动幅度分切动作

（6）弯腰和直身。

在剪辑弯腰、直身动作时除了考虑动作的连贯、流畅外，还要注意动作时空关系的统一性和造型美，所以一般主体不出画、不进画，也就是前一个镜头里主体动作不完全出画时切掉，而下一个镜头在主体动作已经入画后起接，图 3-15（a）和图 3-15（b）所示。否则主体出画再进画，荧幕空间拉大，而且留下一个空画面造型也不美，动作也显得不那么连续。

以上列举了一些常见动作的剪接点，是剪接镜头的一个契机，但人和其他运动主体的运动是复杂多样的，镜头之间的结合点不能一概而论，而且动作该不该分切还决定于主创人员的创作风格，因此，剪辑时总原则就是要保证动作的连续流畅，同时还要综合考虑故事情节等具体因素，使动作与情节一致。

　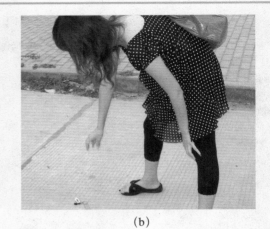

(a)　　　　　　　　　　　　　(b)

图 3-15　弯腰动作的分切

2. 要保持镜头运动的一贯性

剪辑动作场景要注意的另外一点是要保持镜头运动的一贯性。由于影视的运动是由镜头里主体的运动和镜头自身的运动共同构成的，所以剪辑时除了要确保镜头里主体运动的流畅外，还要根据镜头的运动方向、速度以及画面造型的光线、色彩等因素来确定画面的剪辑点。在一般情况下，剪辑时会把镜头运动的全过程都包括进去，比如摇的镜头，入点会选在摇启动之前，出点则在摇停稳之后，这样的节奏自然比较缓。在许多情况下，为了控制节奏，通常采取"动接动"的剪接方式，即在镜头运动中剪掉，而在另一个镜头的运动中接入。

对两个运动方向相反的镜头，如一个由左向右摇，另一个由右向左摇，两个画面"动接动"的话会非常不舒服，此时可以在这两个摇之间插入一个不一样的运动镜头，如推、拉等，这样镜头的运动就能有机组接在一起了。在"动接动"的两个画面之间加入叠化的过渡特技，过渡会平滑许多。

影视作品中运动的组合是多种多样的，在剪接两个画面时，要依据前后两个镜头内主体的动作、镜头的运动以及剧情的需要和画面造型因素的匹配，从而选择出合适的剪接点，最终完成结构合理、通顺流畅，而且可视性强的影视作品。

3.3　连续动作剪辑实战训练

结合上一节所讲的动作剪辑原则，练习下列常见动作场景的剪辑。

3.3.1　坐下喝水场景剪辑训练

（1）双击 Premiere Pro 图标进入剪辑系统，在欢迎界面上选择"打开项目"。

（2）选择打开"D:/后期制作/第3章/动作剪辑实战训练.prproj"进入剪辑系统。动作剪辑练习所需素材已经分类存放在项目窗口里，如图3-16所示。

（3）打开"坐_喝水"文件夹，里面的素材有3段：素材"坐_喝水_全.avi"是一个全景镜头，镜头里男演员走到沙发边，坐下，拿起一杯水喝，然后把杯子放回原处；素材"坐_喝水_中.avi"是一个中景镜头，演员走入画面，坐下，拿起杯子喝水，然后放下杯子；素材"坐_喝水_近.avi"是近景镜头，演员拿起杯子喝水，然后放下杯子。

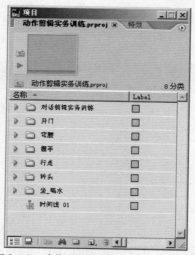

图 3-16　动作剪辑实战训练的项目窗口

　　剪辑从全景镜头开始。双击"坐＿喝水＿全.avi"文件，将该素材放到素材监视窗口中。在时间码 00:00:04:08 处单击"设置入点"按钮 设置入点，如图 3-17 所示。

图 3-17　在全景画面上设置入点

　　（4）播放素材，通过观察可以看到在时间码为 00:00:06:24 处是演员下蹲要坐下前一个相对停滞的地方，这可以作为剪辑点。将时间标志停在 00:00:06:24 处并单击"设置出点"按钮 设置出点，如图 3-18 所示。

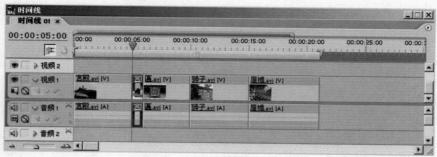

图 3-18　在全景画面上设置出点

（5）在素材监视窗口的画面上按下鼠标左键，然后将打好入、出点的素材拖拽到时间线上，如图3-19所示。

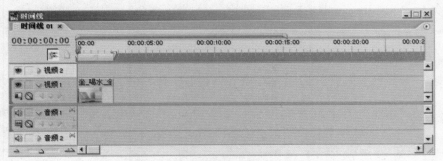

图3-19　将全景画面拖到时间线上

（6）双击素材"坐_喝水_中.avi"将其打开，分别在00:00:04:15（要坐下前的瞬间）和00:00:12:15处（杯子送到嘴边要喝水前的一刻）设置入点和出点，如图3-20所示。

（a）设置入点　　　　　　　　　　　　　　　（b）设置出点

图3-20　设置中景镜头的入出点

（7）将打好点的素材拖拽到时间线上全景镜头的后面，如图3-21所示。

（8）打开"坐_喝水_近.avi"素材，分别在开始喝水（00:00:08:23）和放杯子（00:00:13:13）时设置入点和出点。作为喝水这一动作来说，当男青年喝完水把杯子往下拿时可以作为一个剪辑点，但这样近景镜头显得太短（不到2秒钟），于是可以在男青年放杯子时设置出点，如图3-22所示。

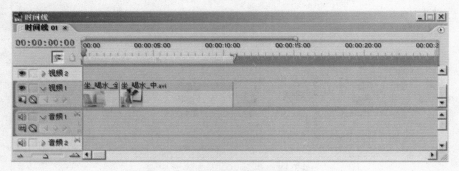

图3-21　将中景镜头拖到时间线上

（a）设置入点

（b）设置出点

图 3-22　设置近景镜头的入出点

（9）将打好点的近景镜头拖拽到时间线上中景镜头的后面，如图 3-23 所示。

（10）打开"坐_喝水_中"素材，在 00:00:18:16 处设置入点，这是伸手放杯子的中间，如图 3-24（a）所示，这样就把原素材中喝完水后演员还拿着杯子停顿的画面给剪掉了。而出点可以设在 00:00:23:09 处，如图 3-24（b）所示。

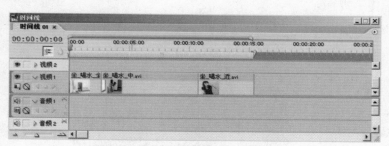

图 3-23　将近景镜头拖到时间线上

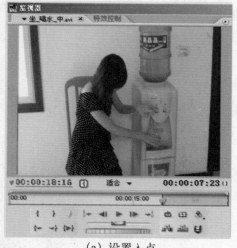

（a）设置入点

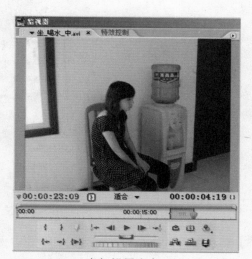

（b）设置出点

图 3-24　设置中景镜头的入出点

（11）将素材拖拽到时间线上近景画面之后，如图3-25所示。坐下喝水这一连续动作就组接完毕了。

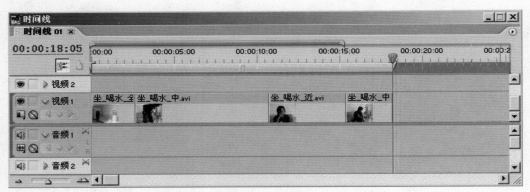

图3-25　将中景镜头拖到时间线上

3.3.2　握手动作剪辑训练

（1）进入 Premiere Pro 时打开"D:/后期制作/第3章/动作剪辑实战训练.prproj"，然后打开项目窗口中的"握手"文件夹，练习的素材都存放在这个文件夹里，如图3-26所示。

（2）双击"握手_远.avi"素材，把入点设在00:00:01:00处，出点设在演员的手即将接触前一刻（00:00:04:13），如图3-27所示。

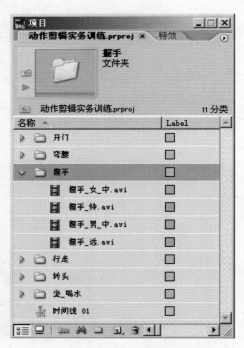

图3-26　握手动作剪辑的素材

（3）将打好点的全景镜头拖到时间线上，如图3-28所示。

（4）打开"握手_特.avi"素材，在00:00:01:10处设置入点，在紧握的两手落到最低处（00:00:02:16）设置出点，如图3-29所示。

（a）设置入点 　　　　　　　　　（b）设置出点

图3-27 设置入点和出点

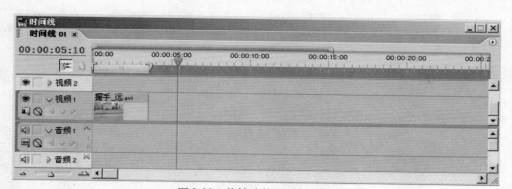

图3-28 将镜头拖到时间线上

（a）设置入点 　　　　　　　　　（b）设置出点

图3-29 设置入点和出点

（5）将素材拖拽到时间线上全景镜头的后面，如图 3-30 所示。

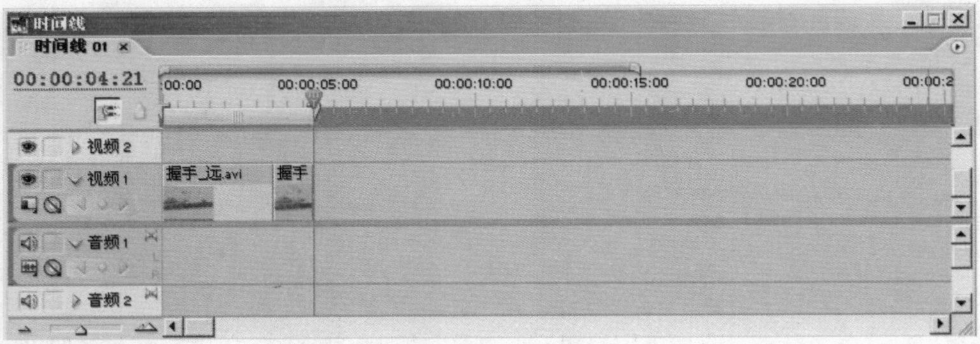

图 3-30　将镜头拖到时间线上

（6）打开"握手_女_中.avi"素材，在两手要向上抬时（00:00:04:00）设置入点，在两手落到最低处时（00:00:04:19）设置出点，如图 3-31 所示。

（a）设置入点　　　　　　　　　　　　（b）设置出点

图 3-31　设置入点和出点

（7）将打好点的素材拖拽到特写镜头的后面，如图 3-32 所示。

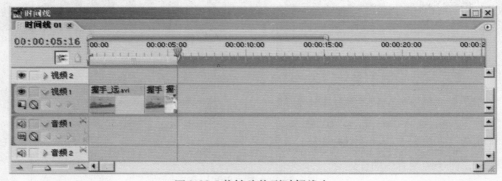

图 3-32　将镜头拖到时间线上

（8）打开"握手_男_中.avi"素材，在两手要向上抬时（00:00:06:02）设置入点，在两人手分开前（00:00:07:09）设置出点，如图 3-33 所示。

（a）设置入点　　　　　　　　　　　　　　　　　　（b）设置出点

图 3-33　设置入点和出点

（9）将男孩的镜头拖拽到女孩画面的后面，如图 3-34 所示。

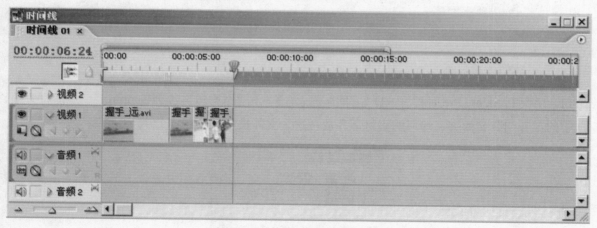

图 3-34　将镜头拖到时间线上

加入两个过肩镜头，主要是想说明在握手动作剪辑时，有时需要展现人物见面时的表情和说话（本例中演员没有进行太多的交流，所以长度较短，仅仅作为示范。实际剪辑中要根据故事需要来组接动作镜头），此时的剪接点也要参照动作的转折点。

（10）打开"握手_远"素材，在两人手要分开前（00:00:07:03）设置入点，出点可以设在 00:00:11:07 处，如图 3-35 所示。

（11）将打好点的素材拖拽到男孩画面的后面，握手动作组接完毕，如图 3-36 所示。

（a）设置入点

（b）设置出点

图 3-35 设置入点和出点

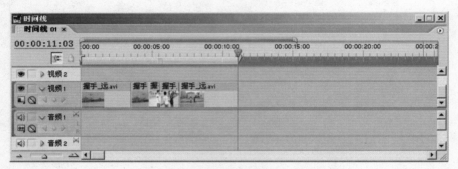

图 3-36 将镜头拖到时间线上

3.3.3 开门动作剪辑训练

（1）进入 Premiere Pro 时打开"D:/ 后期制作 / 第 3 章 / 动作剪辑实战训练.prproj"，然后打开项目窗口中的"开门"文件夹，练习的素材都存放在这个文件夹里，如图 3-37 所示。

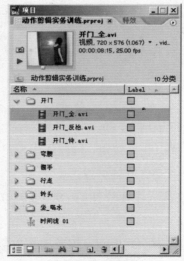

图 3-37 开门动作剪辑的素材

（2）打开"开门_全.avi"素材，在00:00:02:12处设置入点，在演员手要拉门的瞬间（00:00:04:11）设置出点，如图3-38所示。

（a）设置入点

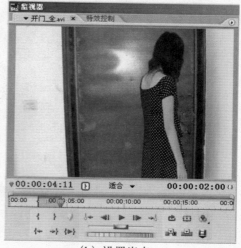
（b）设置出点

图3-38 设置入点和出点

（3）将素材从素材监视窗口中拖拽到时间线上，如图3-39所示。

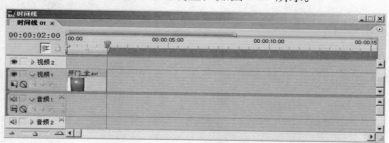

图3-39 将镜头拖到时间线上

（4）打开"开门_特.avi"素材，在门被拉开前瞬间（00:00:06:00）设置入点，在开门过程中（00:00:06:22）设置出点，如图3-40所示。

（a）设置入点

（b）设置出点

图3-40 设置入点和出点

（5）将特写镜头拖拽到时间线上全景镜头的后面，如图3-41所示。

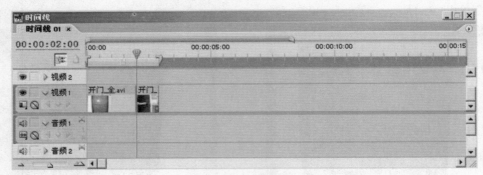

图3-41　将镜头拖到时间线上

（6）在前面的镜头中都没有看到演员的正面，所以在拍摄时就设计了一个反拍的角度，这样可以让观众看到演员的正面。打开"开门_反拍.avi"素材，在开门过程中（00:00:06:03）设置入点，在演员要迈出门前闭眼的瞬间（00:00:07:17）设置出点，如图3-42所示。

（a）设置入点　　　　　　　　　　　　　　（b）设置出点

图3-42　设置入点和出点

（7）将打好点的素材拖拽到特写镜头的后面，如图3-43所示。

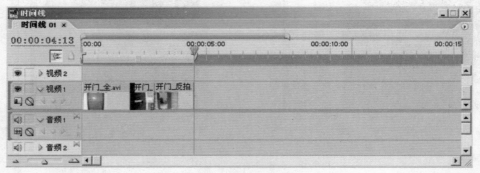

图3-43　将镜头拖到时间线上

（8）再次打开"开门＿全.avi"素材，在演员要迈步前（00:00:06:16）设置入点，出点可以设在00:00:15:05处，如图3-44所示。

（a）设置入点

（b）设置出点

图3-44 设置入点和出点

（9）将演员出门的镜头拖拽到反拍镜头的后面，开门动作的组接完成，如图3-45所示。

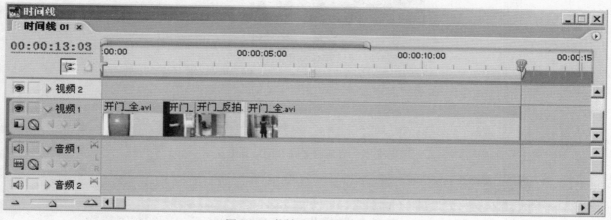

图3-45 将镜头拖到时间线上

3.3.4 转头动作剪辑训练

（1）进入Premiere Pro时打开"D:/后期制作/第3章/动作剪辑实战训练.prproj"，然后打开项目窗口中的"转头"文件夹，练习的素材都存放在这个文件夹里，如图3-46所示。

（2）打开"转头1_正.avi"素材，在00:00:00:08处设置入点，在演员转头时闭眼后要睁开前的瞬间（00:00:03:15）设置出点，如图3-47所示。

（3）将素材从素材监视窗口中拖拽到时间线上，如图3-48所示。

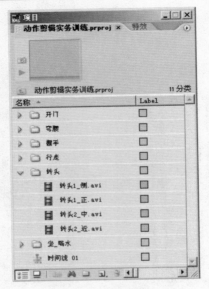

图 3-46　转头动作剪辑的素材

图 3-47　在眼睛要睁开前设置出点

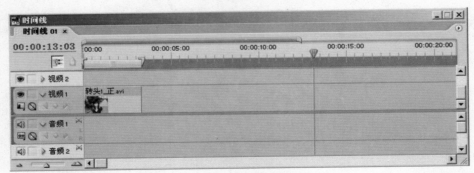

图 3-48　将镜头拖到时间线上

（4）打开"转头 1_ 侧.avi"素材，在演员转头时闭合的眼睛要睁开的瞬间（00:00:03:06）设置入点，如图 3-49 所示，而出点可以设在 00:00:05:23 处。

图 3-49　在眼睛要睁开时设置入点

（5）将演员侧面的镜头拖拽到时间线上正面镜头的后面，如图 3-50 所示。

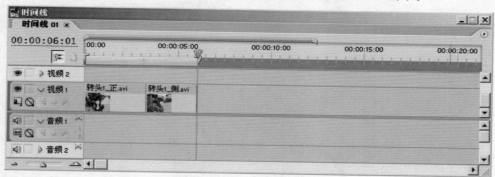

图 3-50　将镜头拖到时间线上

（6）转头动作也可以根据运动的幅度剪接镜头。打开"转头2_中.avi"素材，在00:00:01:21处设置入点，在转头动作过半时（00:00:05:06）设置出点，如图 3-51 所示。

图 3-51　在头转到一半时设置出点

（7）将打好点的素材拖拽到时间线的空白处，如图3-52所示。

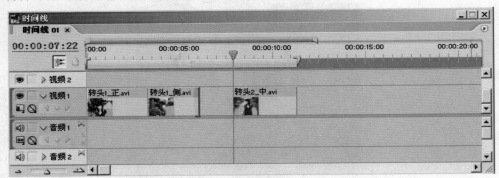

图3-52　将镜头拖到时间线上

（8）打开"转头2_近"素材，在演员转头过半时（00:00:04:22，此时演员正好也有一个半眨眼的动作）设置入点，在00:00:08:22处设置出点，如图3-53所示。

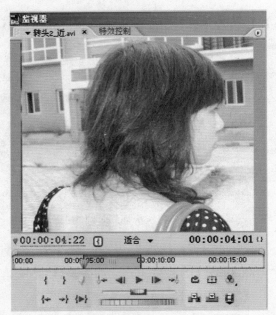

图3-53　在头转到一半时设置入点

（9）将打好点的近景镜头拖拽到中景镜头的后面，该动作剪辑练习完成，如图3-54所示。

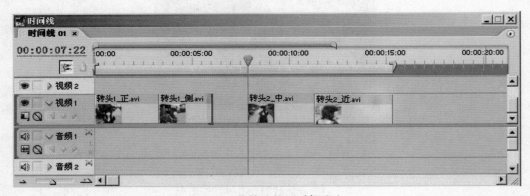

图3-54　将镜头拖到时间线上

3.3.5 弯腰捡东西动作剪辑训练

（1）进入 Premiere Pro 时打开"D:/后期制作/第3章/动作剪辑实战训练.prproj"，然后打开项目窗口中的"弯腰"文件夹，练习的素材都存放在这个文件夹里，如图3-55所示。

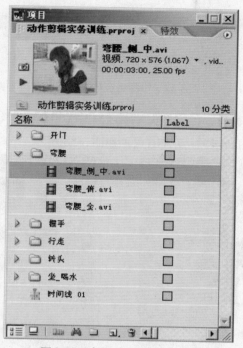

图3-55 弯腰动作剪辑的素材

（2）打开"弯腰_侧_中.avi"素材，入点可以设置在00:00:02:23处，出点设置在演员弯腰过程中头部即将要出画时（00:00:04:16），如图3-56所示。

图3-56 弯腰动作出点的设置

（3）将素材从素材监视窗口中拖拽到时间线上，如图3-57所示。

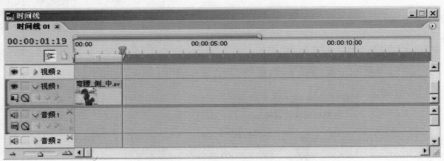

图 3-57　将镜头拖到时间线上

（4）打开"弯腰_俯.avi"素材，在演员头部刚进画时（00:00:03:10）设置入点，而在演员捡完东西起身头部即将出画时（00:00:04:15）设置出点，如图 3-58 所示。

（a）设置入点

（b）设置出点

图 3-58　弯腰动作入出点的设置

（5）将打好点的素材拖拽到时间线上侧面镜头的后面，如图 3-59 所示。

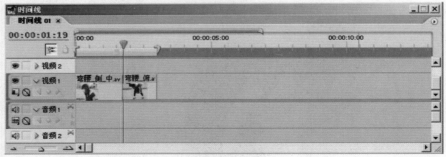

图 3-59　将镜头拖到时间线上

（6）打开"弯腰_侧_中.avi"素材，在演员头部入画前的 00:00:06:03 处设置入点，出点可以设在 00:00:09:04 处，如图 3-60 所示。

（7）将打好点的素材拖拽到时间线上俯拍镜头的后面，弯腰捡东西的动作剪辑训练完成，如图 3-61 所示。

图 3-60 弯腰动作入点的设置

图 3-61 将镜头拖到时间线上

3.3.6 行走动作剪辑训练

（1）进入 Premiere Pro 时打开"D:/后期制作/第3章/动作剪辑实战训练.prproj"，然后打开项目窗口中的"行走"文件夹，练习的素材都存放在这个文件夹里，如图 3-62 所示。

图 3-62 行走剪辑的素材

（2）双击"行走_侧_远.avi"素材，把入点设在00:00:00:12处，出点设在00:00:07:12处，此时演员的左脚正好踩实，而右脚还没有迈出，如图3-63所示。

图3-63　在脚踩实的地方设置出点

（3）将打好点的镜头拖到时间线上，如图3-64所示。

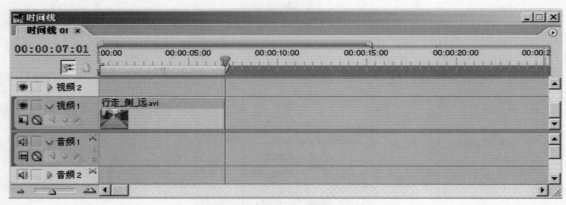

图3-64　将镜头拖到时间线上

（4）打开"行走_侧_跟摇.avi"素材，在00:00:06:13处设置入点，此时演员的右脚刚刚迈出。如果留心一下会发现，在上一个镜头中演员已抬起头，但由于是远景，而且有棵小树挡在演员前面，所以本镜头切入时，演员虽然是低着头的，但也无妨。至于出点则可以设在00:00:09:04处，要注意根据演员的躯体来判断其脚步状况，如图3-65所示。

（5）将素材拖拽到时间线上全景镜头的后面，如图3-66所示。

（6）打开"行走_跟拍.avi"素材，分别在00:00:06:20和00:00:09:08处设置入点和出点，如图3-67所示。

（7）将打好点的素材拖拽到时间线上"行走_侧_跟摇.avi"素材的后面，如图3-68所示。

（a）在脚踩实的地方设置入点 　　　　　　　　　　（b）根据躯体动作来设置出点

图 3-65　行走剪辑点的设置

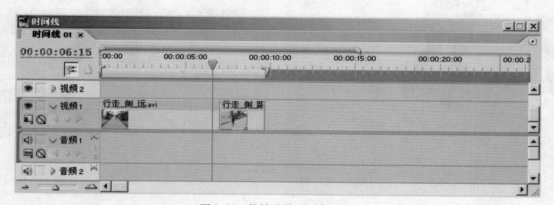

图 3-66　将镜头拖到时间线上

图 3-67　行走剪辑点的设置

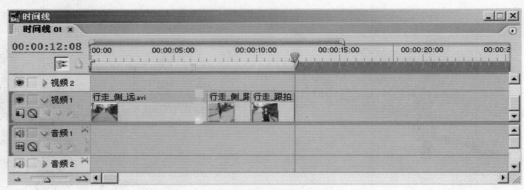

图 3-68　将镜头拖到时间线上

（8）打开"行走_脚_近.avi"素材，在 00:00:03:12 和 00:00:06:20 处分别设置入点和出点，如图 3-69 所示。

（a）设置入点　　　　　　　　　　　　　　（b）设置出点

图 3-69　行走剪辑点的设置

（9）将脚的近景镜头拖拽到时间线上"行走_跟拍.avi"素材的后面，如图 3-70 所示。

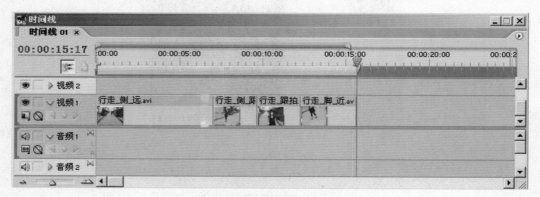

图 3-70　将镜头拖到时间线上

（10）打开"行走＿正侧＿远.avi"素材，在00:00:10:03和00:00:15:17处分别设置入出点，如图3-71所示。

　　（a）设置入点　　　　　　　　　　　　　　　（b）设置出点

图3-71　行走剪辑点的设置

（11）将打好点的素材拖拽到时间线上脚近景素材的后面，行走动作的镜头组接完毕，如图3-72所示。

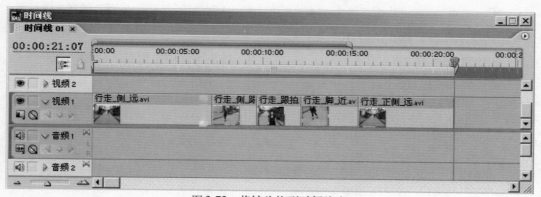

图3-72　将镜头拖到时间线上

本章小结

　　影视剪辑是影视创作的重要环节。出于制作成本和创作效果的考虑，影视作品常常把连续的情节拆分成一系列不连续的镜头来分别拍摄，然后通过剪辑来将镜头重新组接。影视剪辑除了可以还原动作外，还能转换时空、控制节奏以及宣扬主题。在还原动作时，剪辑要注意画面中主体动作的连贯性，可以在连续动作的小动作中分切镜头。另外，剪辑时也要注意确保几个镜头运动的连贯。

自测题

一、单选题

1. 在处理连续的动作时，（　　）。
   A．每个动作都要分切，以给观众更具体的展现
   B．不用分切动作，一个镜头里的连续动作都能满足创作要求
   C．要视具体情况对动作进行分切，选用最合适的镜头来表现故事
   D．无所谓，怎么剪都没有区别

2. 同一个人，在镜头 1 里向左跑，在镜头 2 里向右跑，这两个镜头连接应该（　　）。
   A．镜头 1 后接镜头 2
   B．镜头 2 后接镜头 1
   C．两者最好通过一个运动方向中性的镜头过渡
   D．两者怎么接都可以

二、多选题

1. 影视剪辑的主要作用有（　　）。
   A．设计画面构图　　　　　　　　B．突出主题
   C．还原连续的动作　　　　　　　D．转换荧幕上的时间和空间

2. 为了完成好影视剪辑的再创作，影视剪辑要考虑（　　）。
   A．造型因素　　　B．成本因素　　　C．时空因素　　　D．动作因素

3. 剪辑转头动作时，动作的分切点常常选在（　　）。
   A．开始转头时　　　　　　　　　B．转头过程中眨眼睛的瞬间
   C．转头到一定幅度时　　　　　　D．转头结束时

三、填空题

1. 表现蒙太奇侧重于 _____。
2. 如果要剪出节奏快的效果，镜头持续时间应该 _____。
3. 剪辑行走动作时，为了使动作连贯流畅，剪辑点通常设在 _____。

课后作业

1. 利用行走剪辑实战训练的素材，组接与书本介绍的行走方式不一样的片段。
2. 对影片《惊魂记》进行拉片练习，认真分析其中浴室谋杀一场戏的拍摄和剪辑技巧。

第4章 对话剪辑技术

本章主要内容:

- 对话剪辑的原则
- 对话剪辑的形式
- 对话场景剪辑实战训练
- 组织一场戏的步骤
- 多机位场景剪辑实战训练

本章重点:

- 对话剪辑的形式
- 对话场景剪辑实战训练
- 如何组织好一场戏
- 多机位场景剪辑实战训练

本章难点:

- 掌握对话场景的剪辑技巧
- 掌握多机位的剪辑技巧

学习目标:

- 了解对话剪辑的原则和形式
- 提高对话场景的剪辑水平
- 掌握多机位的剪辑技巧

对话是影视声音中主要的组成部分，是刻画角色形象的重要手段。在后期剪辑处理过程中，对话必须与画面紧密结合，两者相辅相成，从而正确地表现人物情感和故事情节。本章将介绍对话场景和多机位场景的剪辑技巧，并通过实战训练来加强对这些技巧的掌握。

4.1 对话剪辑技巧

对话是表达人物思想感情的重要手段，一定程度上也塑造了人物的性格，对话场景在影视作品中具有交代说明、推进剧情和塑造人物性格等功能。相对其他场景的剪辑而言，对话场景的剪辑还是比较好处理的，但也得花些功夫设计，如果处理不好也会影响到影视作品的整体质量。

4.1.1 对话剪辑原则

对话场景的剪辑要把握以下主要原则。

（1）精简原则。

影视创作就是要把故事以最简单的方式展现在荧幕上，画面一般被认为是其中最主要的表现形式，所以对话场景能少即少，对情节的发展或对刻画人物个性没有多大帮助的对话一定要删减，没有个性而冗长不堪的对话、废话是影视作品的一大忌讳。现在一些手机、网络视频作品里常常是自己叨叨絮絮说个不停，看起来多数索然无味。

（2）造型原则。

对话场景通常采取"表达＋反应"的模式来处理，即上一个画面里人物A在说话，下一个画面会接人物B的反应，然后是人物B说话，依此类推。当"表达"、"反应"的两个画面组接在一起时，画面的造型，包括构图、角度、方位、景别和光影色彩等，应该是匹配的，否则剪接的"表达"与"反应"就不能顺畅过渡。

比如图4-1（a）和图4-1（b）中的两个镜头反复切换时，画面在构图、角度、景别等方面都是匹配的，但如果图4-1（a）和图4-2（a）和图4-2（b）中的两个镜头反复切换时，则由于画面造型的差异，使得视觉上产生非常不舒服的跳跃感。

（a）

（b）

图4-1 对话镜头的剪接

再比如图4-3（a）是女演员在说话，接图4-2（b）是合理的，因为男演员的视线在两个画面中是匹配的，这两个画面的组接形成了统一的荧幕空间，但如果图4-3（a）接的是图4-3（b），由于男演员的视线方向不一致,给人感觉是男演员并没有在听女演员说话,这样的剪接是不舒服的。如果确实要表现男演员就是不听女演员说话,则在图4-3(a)中应该有男演员转头的动作趋势,然后在图4-3(b)中男演员把头转过去。

(a)　　　　　　　　　　　　　　　　　　(b)

图4-2 造型差别太大的分切会有跳跃感

(a)　　　　　　　　　　　　　　　　　　(b)

图4-3 视线不匹配会造成剪接不顺畅

4.1.2 对话剪辑形式

人物对话的剪辑主要有以下两种方式。

(1)同位方式。

同位方式也叫平剪,即画面与声音是同步剪切的,第一个画面里的人物先说,说完了接第二个画面里的人说。在节奏较平缓、人物说话语气较平稳时适宜采用这种剪辑方式。

在同位剪辑中,通过控制两个画面的剪接点可以控制整个场景的节奏,以刻画人物的内心活动。如图4-4所示的3种剪辑中,图4-4(a)是上一镜头女孩说完后画面继续片刻,切到男孩的画面,男孩过了一段时间才开始说话,这样的节奏显然是比较缓慢的,这种剪辑方式在人物对话中也是最常见的。在图4-4(c)中,女孩说完后男孩马上接着说,男孩就显得比较在乎女孩的说话,节奏也快多了,此方式在人物吵架、辩论时常用。而图4-4(b)则是女孩说完后切到男孩,男孩沉默片刻才开始说话,感觉在犹豫或思考什么,这种方式下可以看到对话中人物的表情、动作及心理活动等反应,在对话场景中也常使用这种剪辑方式。由此可见,节奏的不同,刻画出的人物性格也不尽相同,所体现的情节是有差异的。

（a）对话间有停顿

（b）接话的人有停顿

（c）对话间没有停顿

图 4-4　对话的同位剪切方式

（2）串位方式。

串位方式也称串剪，即画面和声音不是同步剪切，一个镜头的声音是和另一个镜头的画面相交错的。串位剪辑方式适合于节奏较快、人物对话情绪交流较密切的情况。它既能在人物情绪上产生呼应和交流，又能使对话显得流畅、活泼。常见的串位对话剪辑形式有上一镜头的声音延续到下一镜头的画面，或下一镜头的声音提前到上一镜头的画面，如图 4-5 所示。

人物访谈类节目剪辑中常常使用串位剪辑方式，比如素材中受访者滔滔不绝说了十来分钟，但剪辑时只是采用了开头和结尾的各 1 分钟，如果直接把这两段素材剪在一起，两个画面之间多少都会有些跳。而如果在第一个 1 分钟结束前插入一个空镜头画面（如采访者或相关画面），受访者的声音继续，切入第二段采访声音后空镜头画面继续一段时间，然后切回原声音对应的受访者的画面，这样处理视觉上不会产生不舒服的跳跃感，如图 4-6 所示。

在实际处理对话场景时，要根据故事情节、人物关系、情绪的需要来选择剪辑方式，然而不管采用什么方式，最后的结果必须是能准确展现人物性格和内心活动，同时镜头串接和场景转换通顺流畅，使该对话场景与整个影视作品融为一体。

（a）女孩的声音延续到男孩的画面上

（b）男孩的声音提前到女孩的画面上

图4-5　对话的串位剪切方式

图4-6　访谈节目常用空镜头来过渡

4.2　对话剪辑实战训练

运用上述对话剪辑的技巧完成下面剪辑训练。

4.2.1　一般对话场景的剪辑

1. 故事梗概

本例要剪辑一场两个青年男女的对话，两人的对话内容如下：

女：我签证办下来了。

男：那你什么时候走？

女：很快吧，下个星期就走。

男：哦。

女：你不是有话要和我说吗？

男：祝你好运。

女：就这些？

男：嗯……你要去多久？

女：两年吧。我也说不好。

男：还回来吗？

女：我不知道。

男：挺好。

女：你会来送我吗？

男：我也不知道。

从对话内容可以看出，故事主人公之间处于一种预言而不言的微妙关系中，剪辑时要注意将这种感觉表现出来。

在本例中，拍摄时只使用了摄像机上的随机麦克风，当摄像机离演员较远时，所采集到的对话声音是很微弱的。为此特意在离演员较近的位置把台词重新录了下来，这就是"声音.avi"素材。训练中需要把该素材的音频"补"到剪好的画面上，这样的"补丁"工作在影视创作中是经常的事。

下面分别对画面和声音进行剪辑。

2. 剪辑画面

（1）进入 Premiere Pro 时打开"D:/ 后期制作 / 第 4 章 / 对话剪辑实战训练.prproj"项目文件，对话剪辑练习的素材放在项目窗口里的"对话"文件夹中，如图 4-7 所示。

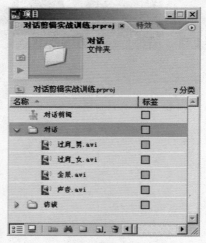

图 4-7　对话剪辑练习的素材

（2）这场对话需要一个全景镜头开始。双击"全景.avi"素材，在 00:00:19:24 和 00:00:23:23 处分别设置入点和出点，如图 4-8 所示。

选用这段画面主要是演员们都没什么大的动作，让人感觉这两个人就这么默默地坐在那里，给整个故事铺垫一个基调。虽然他们实际上是在说话，但这些声音最后是要被其他声音所取代的，目前暂时不予以考虑。

图4-8　在全景素材上设置入点和出点

（3）将打好点的全景镜头拖到时间线上的起始处，如图4-9所示。

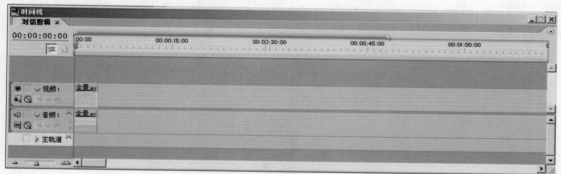

图4-9　将全景镜头拖到时间线上

（4）打开"过肩_女.avi"素材，在00:00:00:12处设置入点，在00:00:06:22处设置出点，如图4-10所示。

图4-10　设置第二个镜头的入点和出点

这入点是在导演喊"开机"之前（注意，此时是暂时不要考虑素材的声音质量的），但此时女孩正看着男孩，表情还有点不满，而且这样还可以加长两人的沉默时间，正好符合故事情节的要求。

（5）将素材拖拽到时间线上全景镜头的后面，如图 4-11 所示。

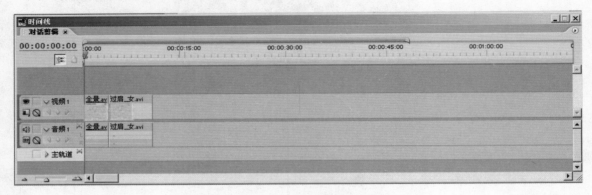

图 4-11　将第二个镜头拖到时间线上

（6）女孩说完了，此时需要看到男孩的反应。打开"过肩_男.avi"素材，上一镜头的出点处男孩正开始转头，所以这里的入点要接男孩转头的动作，而此时男孩正好有一个眨眼的动作，入点设在这里比较好。在男孩眨眼的瞬间（时间码 00:00:05:15）设置入点，在 00:00:08:13 处设置出点，如图 4-12 所示。

图 4-12　入点设在演员眨眼瞬间，同时尽可能延长画面时间

当男孩转过头问完话后，女孩其实很快就开口说话了，如果此时根据原素材的对话来切换到女孩的画面，就会给人女孩满不在乎的感觉，与创作初衷不符。反正在这个镜头里只看到女孩的后脑勺，而声音可以最后再铺回去，所以可以把男孩的画面留长些，给女孩一些反应的时间。

（7）将打好点的素材拖拽到时间线上女孩画面之后，如图 4-13 所示。

（8）打开"过肩_女.avi"素材，将入点设在男孩刚说完话处（00:00:08:21），出点设在男孩点头之前（00:00:12:00），如图 4-14 所示。

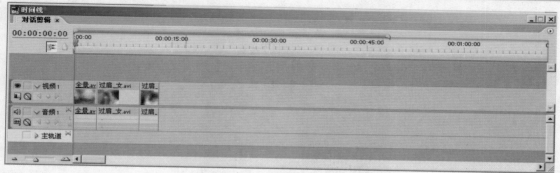

图4-13　剪好第三个镜头

图4-14　剪辑点分别设在男孩说完话之后和点头之前

（9）将女孩的镜头拖拽到男孩画面的后面，如图4-15所示。

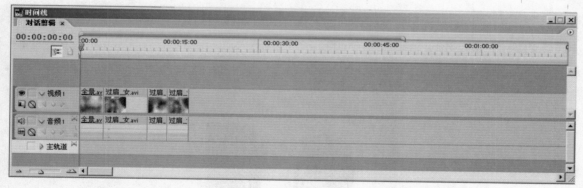

图4-15　剪好第四个镜头

　　在剪辑这样的场景时，其实可以充分运用数字非线性编辑的优势，将女孩的镜头先全部拖到时间线上，然后在恰当的点分别插入男孩的镜头，删减一些不必要的镜头，这样操作起来也比较方便。不过为了方便讲解，本例还是一个镜头接一个镜头地进行下去。

　　（10）打开"过肩_男.avi"素材，在时间码为00:00:09:14和00:00:12:15的地方分别设置入点和出点，如图4-16所示。

图4-16 设置第五个镜头的入点和出点

（11）将打好点的素材拖拽到女孩画面的后面，如图4-17所示。

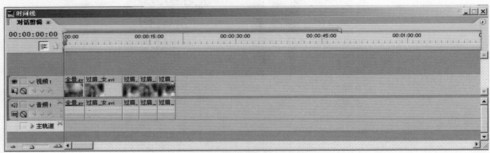

图4-17 剪好第五个镜头

（12）打开"过肩_女.avi"素材，分别在00:00:13:16和00:00:16:24处设置入点和出点，如图4-18所示。

（13）将打好点的素材拖拽到男孩画面的后面，如图4-19所示。

（14）打开"过肩_男.avi"素材，在00:00:14:22处设置入点，而出点设在00:00:18:16处，如图4-20所示。

图4-18 设置第六个镜头的入点和出点

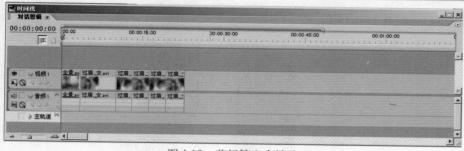

图4-19 剪好第六个镜头

在上一镜头中，出点是设置在男孩要说话的前一刻，这里在入点之后过一段时间男孩才开始说话，这样给男孩多一点考虑的时间。因为很明显，他所说的不是他所想说的。但是男孩说完"祝你好运"后，女孩的手撩了一下头发。由于女孩处于前景位置，这个手撩头发的动作干扰了视线，实在不舒服，同时将故事氛围打散了，如图4-21所示，于是只好在女孩撩头发之前将画面切走——尽管男孩的镜头切得略显仓促。

图4-20 设置第六个镜头的入点和出点

图4-21 前景的女孩手撩头发使画面显得不美

（15）将打好点的素材拖拽到女孩画面的后面，如图4-22所示。

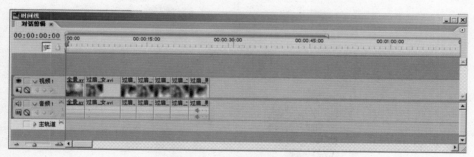

图4-22 剪好第七个镜头

（16）打开"过肩_女.avi"素材，分别在00:00:20:04和00:00:24:17处设置入点和出点，如图4-23所示。由于上一镜头切得太仓促，所以本镜头中在女孩开口之前尽可能多停留一些，入点就设在男孩刚说完话的一刻。而女孩问完话后可以不切到男孩的反应，这样倒可以表现女孩看到男孩满不在乎之后的表情。

图 4-23　设置剪辑点使画面停留时间长一些

（17）将打好点的素材拖拽到男孩画面的后面，如图 4-24 所示。

图 4-24　剪好第八个镜头

（18）打开"过肩_男.avi"素材，在 00:00:23:02 和 00:00:27:03 处分别设置入点和出点，如图 4-25 所示。

图 4-25　设置第九个镜头的入点和出点

（19）将打好点的素材拖拽到女孩画面的后面，如图4-26所示。

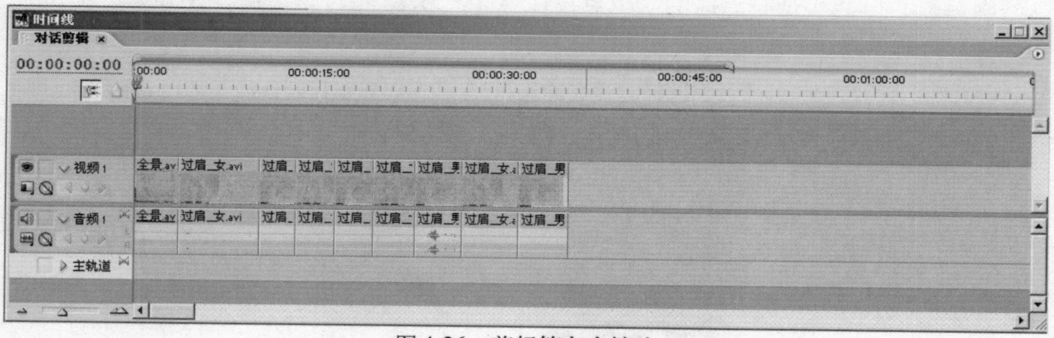

图4-26 剪好第九个镜头

（20）打开"过肩_女.avi"素材，分别在00:00:25:17和00:00:31:05处设置入点和出点，如图4-27所示。这个镜头和上一镜头的组合又人为地延长了女孩对男孩问话（"你要去多久"）的反应，给人感觉女孩心里在生气——"你还在乎我呀？！"而在女孩回答完后没有切换镜头，在同一镜头里，男孩问到"还回来吗"，女孩回到"我也不知道"。这样感觉节奏稍快了些，好像两人在拌嘴。

图4-27 利用入点和出点来控制节奏

（21）将打好点的素材拖拽到男孩画面的后面，如图4-28所示。

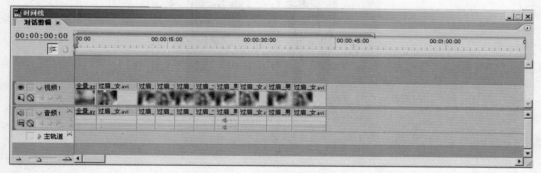

图4-28 剪好第十个镜头

（22）打开"过肩_男.avi"素材，在00:00:29:04处设入点，这样男孩停顿了片刻才说"嗯，挺好"，由此可以刻画男孩心里其实是有点痛的。出点设在00:00:33:10处，如图4-29所示。

图4-29　让男孩停顿片刻再说话

（23）将打好点的素材拖拽到女孩画面的后面，如图4-30所示。

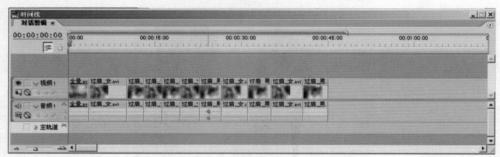

图4-30　剪好第十一个镜头

（24）打开"过肩_女.avi"素材，分别在00:00:33:15和00:00:35:17处设置入点和出点，如图4-31所示，此时画面切入后女孩很快问话，体现女孩真的生气或沉不住气了。

图4-31　设置第十二个镜头的入点和出点

（25）将打好点的素材拖拽到男孩画面的后面，如图4-32所示。

图4-32 剪好第十二个镜头

（26）打开"过肩＿男.avi"素材，入点设在00:00:33:13处，而出点设在00:00:40:18处，如图4-33所示，这样在男孩说话前后都留下一点时间，预示他心里也在想是不是该说出心里话。

图4-33 男孩心里在犹豫

（27）将打好点的素材拖拽到女孩画面的后面，如图4-34所示。

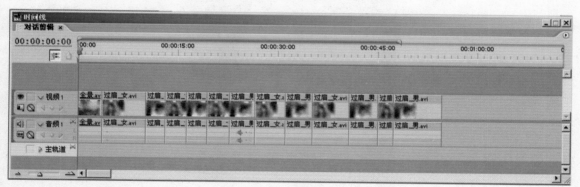

图4-34 剪好第十三个镜头

（28）打开"过肩_女.avi"素材，分别在00:00:40:14和00:00:44:21处设置入点和出点，如图4-35所示，这是一个看似没用的镜头，画面中两人都没什么大动作，都处于沉默状态。但用在两个人上述的对话后，可以强调两人之间惆怅的心情。剪辑过程中合理利用看似没用的镜头很重要。

图4-35　沉默的两人强化了惆怅的氛围

（29）将打好点的素材拖拽到男孩画面的后面，如图4-36所示。

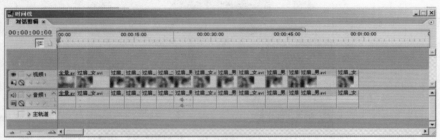

图4-36　剪好第十四个镜头

（30）打开"全景.avi"素材，选取一段两人都没什么大动作的片段（入点在00:00:36:11处，出点在00:00:43:11处）作为最后一个镜头，如图4-37所示，这样可以与第一个镜头相呼应。

图4-37　结尾的全景与开头呼应

（31）将全景镜头拖拽到女孩画面之后，画面组接完成，如图4-38所示。

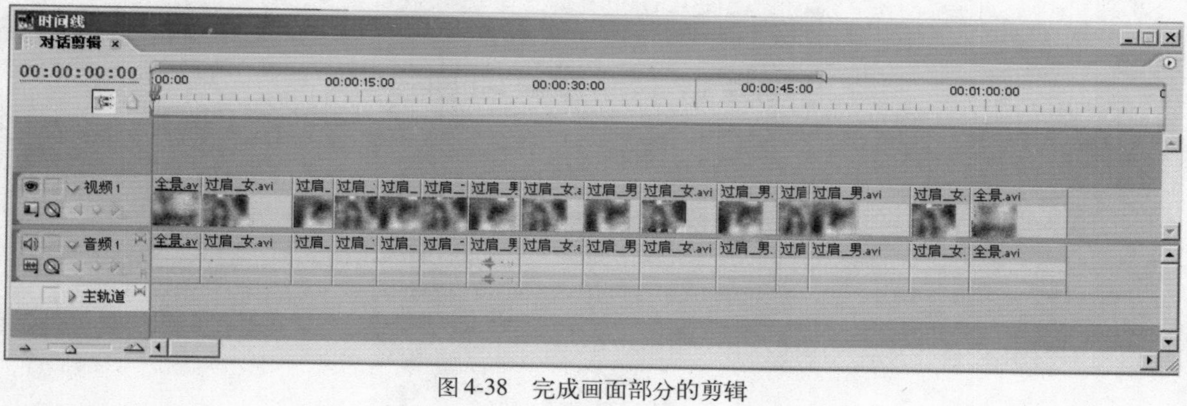

图4-38 完成画面部分的剪辑

3. 剪辑声音

画面剪好后，接下来需要把音频铺到画面上去。由于画面的长度已经确定，所以编辑时，往往是在编好的节目上（这里是在时间线上）设置好入点和出点，而在素材上只设置一个编辑点（入点或出点），这样可以保证只对选择的区域进行编辑。而对声音的剪辑，则可以通过画面中人物的嘴形或声音的波形来寻找匹配的剪辑点。

（1）分别在时间线上第一个镜头的第一帧和最后一帧画面上设置好入点和出点。

（2）双击"声音.avi"素材将其打开，在00:00:03:00处设置入点，如图4-39所示，这是一段环境声。由于时间线上已经设置了入点和出点，素材上可以只设置一个编辑点（入点或出点）。

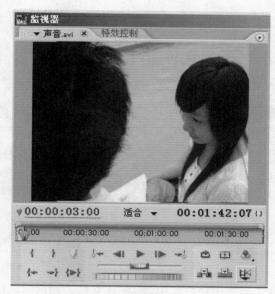

图4-39 在环境声素材上设置入点

（3）切换素材监视窗口右下角的"确定抓取音视频"按钮 到 ，这样只将素材的音频编辑到时间线上，而画面不同。切换后素材监视窗口显示的是素材声音的波形，如图4-40所示。

（4）单击"覆盖"按钮 ，将素材的音频覆盖到时间线上第一个全景镜头的音频轨上，而原先的画面没有改变，如图4-41所示。

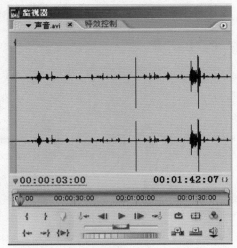

图4-40　素材监视窗口中显示声音的波形

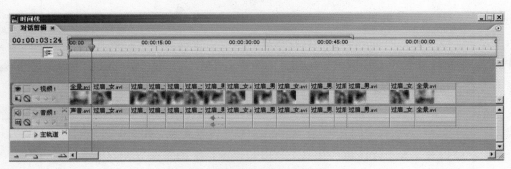

图4-41　第一个镜头铺上新的环境声

（5）最后一个全景也要铺上环境声。首先在最后一个镜头的开始和结束帧分别设置入点和出点，然后保持目前素材监视窗口的声音素材的编辑点，直接单击"覆盖"按钮，将素材的环境声覆盖到最后全景镜头的音频轨上，如图4-42所示。

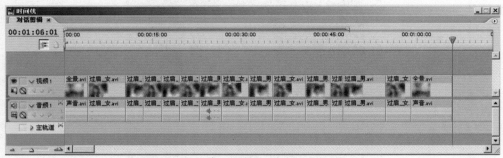

图4-42　最后一个镜头也铺上新的环境声

（6）在时间线上第二个镜头的结束帧设置出点，通过节目监视器上的搜寻工具找到女孩撅起嘴要说"我"这个词的地方（00:00:08:12），在这一帧设置入点。同时在"声音.avi"素材上也找到女孩撅起嘴要说"我"这个词的位置（00:01:03:20），设置入点，如图4-43所示。

（7）切换"确定抓取音视频"按钮到状态，单击"覆盖"按钮将素材的音频覆盖到第二个镜头选定的声轨区域上，不过画面前半部的声音还是原来的，如图4-44所示。

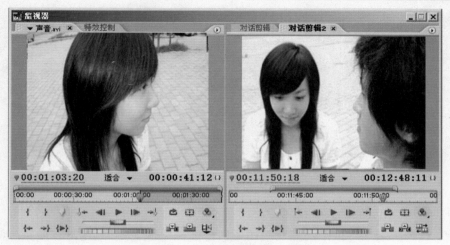

图 4-43 通过嘴形找到匹配帧

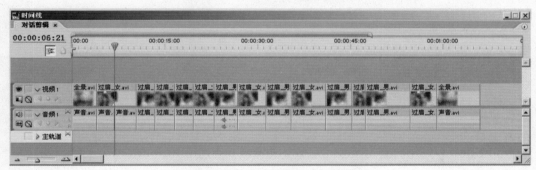

图 4-44 给第二个镜头铺上新的对白

（8）选择"旋转编辑工具" ，将光标移到第二个镜头中两个声音片段结合处，此时为  状，按下鼠标左键，然后拖动声轨向左移动到第二个镜头的起始处，这样第二个镜头的声音就被替换了，如图 4-45 所示。

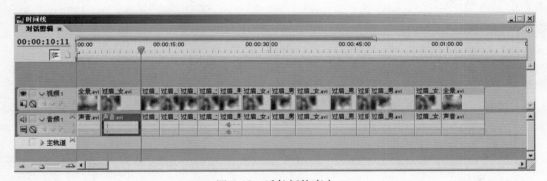

图 4-45 延长新的声音

（9）第二个镜头的声音虽然替换完了，但刚开始时的声音有打板的声音，需要去掉。在时间线上的 00:00:04:00 处设置入点，在 00:00:06:20 处设置出点，将不好的声音包括住。同时在"声音.avi"素材上的 00:00:22:00 处设置入点，这是一段有蝉声的环境声，与对话中的环境声比较接近。再单击"覆盖"按钮 （指"确定抓取音视频"按钮处在 状态，下同），将一段环境声覆盖到第二个镜头的前半段，如图 4-46 所示，则原先的打板声就被覆盖掉了。

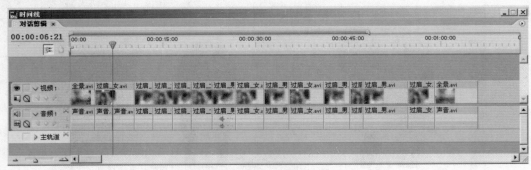

图4-46　去除不需要的声音

（10）在时间线上第三个镜头的首尾各设置好入点和出点，同时在"声音.avi"素材上的00:01:06:09设置入点。单击"覆盖"按钮 ▣ 将男孩的说话覆盖到时间线上，如图4-47所示。同时后半段把女孩的声音也剪进来了，但需要进行必要的处理。

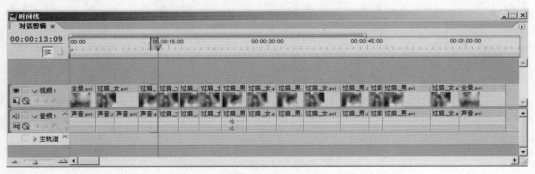

图4-47　给第三个镜头铺上新的声音

（11）在时间线上的00:00:12:05和00:00:13:09处分别设置入点和出点，同时在"声音.avi"素材的00:01:02:08处设置入点。单击"覆盖"按钮 ▣ 将一段环境声覆盖到时间线上，提早出现的女孩声音就给覆盖了，如图4-48所示。

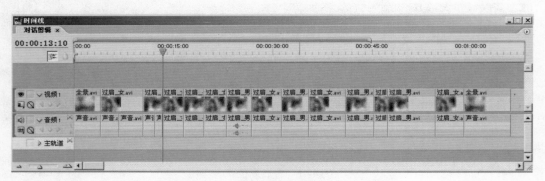

图4-48　抹去多余的声音

（12）在时间线上第四个镜头的首尾处分别设置好入点和出点，同时在"声音.avi"素材上的00:01:08:00处设置入点，用覆盖编辑方式将女孩的说话覆盖到时间线上，如图4-49所示。

（13）在时间线上第五个镜头的首尾处分别设置好入点和出点，同时在"声音.avi"素材上的00:01:10:19处设置入点，用覆盖编辑方式将男孩的说话覆盖到时间线上，如图4-50所示。

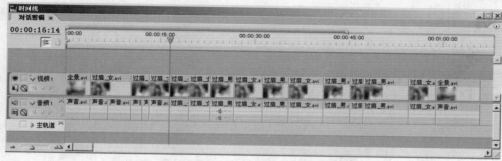

图4-49 给第四个镜头铺上新的声音

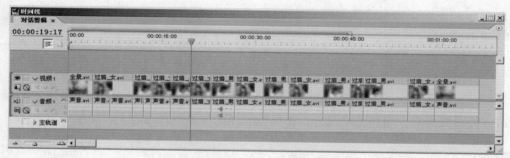

图4-50 给第五个镜头铺上新的声音

（14）在时间线上第六个镜头的首尾处分别设置好入点和出点，同时在"声音.avi"素材上的00:01:13:17处设置入点，用覆盖编辑方式将女孩的说话覆盖到时间线上，如图4-51所示。

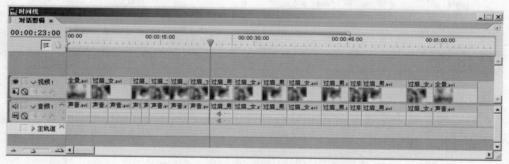

图4-51 给第六个镜头铺上新的声音

（15）在时间线上第七个镜头的首尾处分别设置好入点和出点，同时在"声音.avi"素材上的00:01:16:23处设置入点，用覆盖编辑方式将男孩的说话覆盖到时间线上，如图4-52所示。

图4-52 给第七个镜头铺上新的声音

（16）在时间线上第八个镜头的首尾处分别设置好入点和出点，同时在"声音.avi"素材上的00:01:21:04处设置入点，用覆盖编辑方式将女孩的说话覆盖到时间线上，如图4-53所示。

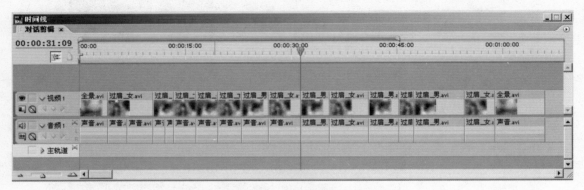

图4-53　给第八个镜头铺上新的声音

（17）在时间线上第九个镜头的首尾处分别设置好入点和出点，同时在"声音.avi"素材上的00:00:37:04处设置入点，用覆盖编辑方式将男孩的说话覆盖到时间线上，如图4-54所示。

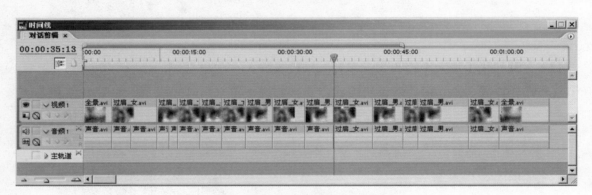

图4-54　给第九个镜头铺上新的声音

（18）在时间线上第十个镜头的首尾处分别设置好入点和出点，同时在"声音.avi"素材上的00:00:40:14处设置入点，用覆盖编辑方式将声音覆盖到时间线上，如图4-55所示。此时第一句台词对上嘴形了，但后面的声画稍稍有些不同步，需要进一步处理。

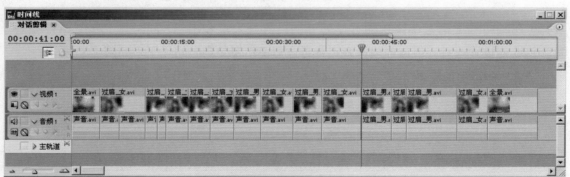

图4-55　给第十个镜头铺上新的声音

（19）在时间线上的00:00:37:22处用"剃刀工具"　将刚铺上去的音频切成两段，如图4-56所示。

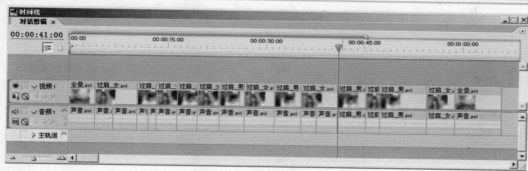

图 4-56 将声轨切成两段

（20）用"选择工具" 将被切断音频的后半段移到 00:00:37:13 处，如图 4-57 所示，女孩说"我也说不好"时嘴形对上了，但最后一句台词"我也不知道"没有说完，也没有对上嘴形。

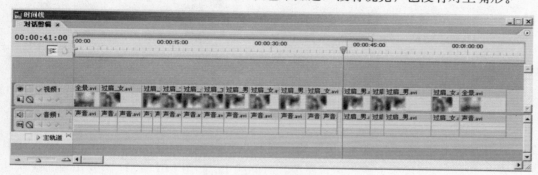

图 4-57 挪动声轨

（21）在时间线上的 00:00:39:22 处设置入点，在 00:00:41:00 处设置出点，同时在"声音.avi"素材上的 00:00:45:23 处设置入点，用覆盖编辑方式将女孩的说话覆盖到时间线上，如图 4-58 所示，声音和画面基本同步了。

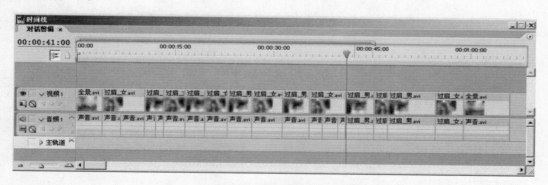

图 4-58 铺上新的声音

（22）在第十一个镜头的首尾设置好入点和出点，同时在"声音.avi"素材上的 00:00:50:11 处设置出点，用覆盖编辑方式将声音覆盖到时间线上，如图 4-59 所示。此时男孩的嘴形是对上了，但开始部分把女孩的半句话给剪上去了。

（23）保持"声音.avi"素材上的出点不动，在时间线上的 00:00:41:01 处设置入点，在 00:00:42:12 处设置出点，用覆盖编辑方式将一小段环境声覆盖到前半段，女孩的那半句话给清除了，如图 4-60 所示。

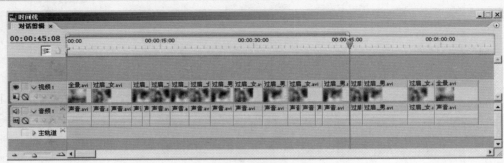

图 4-59　铺上新的声音

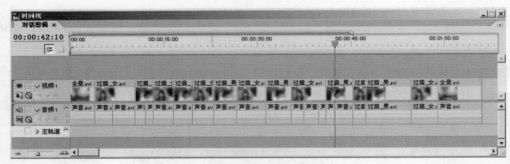

图 4-60　抹掉不需要的声音

（24）在时间线上第十二镜头的首尾帧处设置入点和出点，同时在"声音.avi"素材上的00:01:
38:18处设置入点，用覆盖编辑方式将声音覆盖到时间线上，如图4-61所示，声音和画面基本对上了。

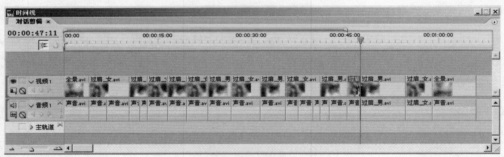

图 4-61　铺上新的声音

（25）在时间线上的00:00:54:00处设置好出点，同时在"声音.avi"素材上的00:01:40:17处设置入点，
在片尾00:01:45:06处设置出点，用覆盖编辑方式将声音覆盖到时间线上，如图4-62所示。此时男孩的嘴
形对上了，不过该镜头首尾还有两段音频是原素材的，与新铺的环境声不匹配。

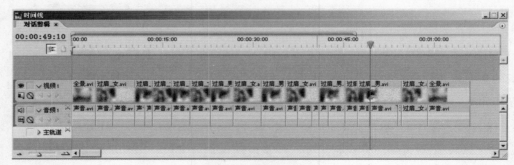

图 4-62　铺上新的对白

（26）不用改变"声音.avi"素材上的编辑点，在第十三镜头的起始帧（00:00:47:11）处设置入点，在时间线上的00:00:49:10处设置好出点，用覆盖编辑方式将环境声覆盖到时间线上，如图4-63所示。

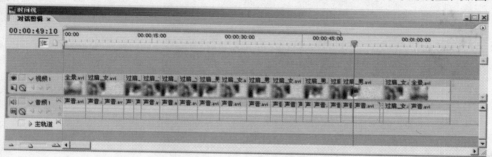

图4-63 铺上新的环境声

（27）保持"声音.avi"素材上的编辑点，同时在时间线上的00:00:53:17处设置好入点，在第十三镜头的结束帧处（00:00:54:16）处设置出点，用覆盖编辑方式将环境声覆盖到时间线上，如图4-64所示，此时这个镜头的声音就处理完了。

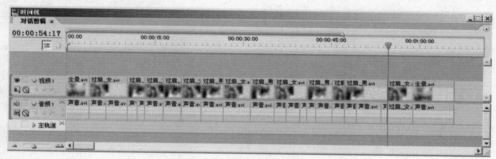

图4-64 铺上新的环境声

（28）第十四个镜头里只需要环境声即可，在"声音.avi"素材上的00:00:03:00处设置入点，同时在时间线上的第十四个镜头首尾帧处分别设置入点和出点，用覆盖编辑方式将环境声覆盖到时间线上，如图4-65所示。

至此，声音的对位工作完成。

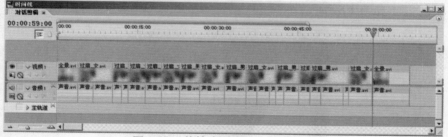

图4-65 给第十四个镜头铺环境声

4.2.2 访谈节目的串位剪辑

这是一位演员在谈演员和导演的合作问题，访问将近两分钟，本例只需要其前半部分的内容。

（1）进入Premiere Pro时打开"D:/后期制作/第4章/对话剪辑实战训练.prproj"项目文件，访谈剪辑训练的素材放在"访谈"文件夹中，如图4-66所示。

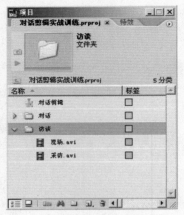

图 4-66　访谈剪辑训练的素材

（2）选择"文件"→"新建"→"时间线"命令，弹出"新建时间线"对话框。将"时间线名"改成"采访"，这是即将要进行剪辑的节目名；把"视频"右侧的轨道数改成 1，把"音频"中的"立体声"的声轨也改成 1，如图 4-67 所示。然后单击"确定"按钮回到项目窗口。

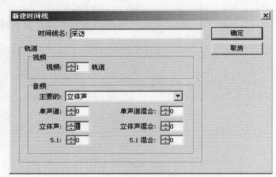

图 4-67　创建新的时间线

（3）打开"采访.avi"素材，在提问结束后的 00:00:05:05 处设置入点，在受访者说完"才会使整部片子都会好"后设置出点。在设置出点时，要多保留一点演员的画面，毕竟是一段采访的结束，不能刚说完就切走了，在受访者要转入下一个话题时切走更舒服些。这里出点设置在受访者眼神改变前的一帧（00:00:51:21），如图 4-68 所示。

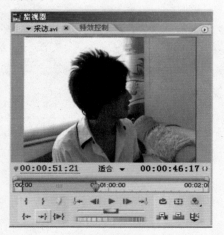

图 4-68　出点设置在演员眼神改变前的一帧

（4）将采访素材拖拽到时间线"采访"的起始处，如图4-69所示，这样把整段需要采访的内容先剪下来了，然后再删除不需要的部分。

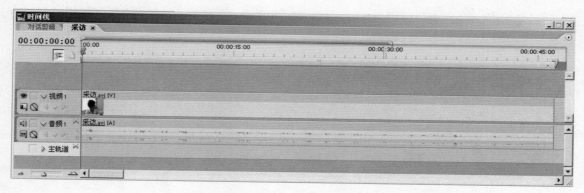

图4-69 把整段采访先剪到时间线上

（5）在时间线上的00:00:07:07和00:00:14:24处上分别设置入点和出点，然后单击"节目监视"窗口右下角的"析取"按钮 ⬚ 将一段重复的采访从时间线上删除，原来后面的素材自动向前靠拢，如图4-70所示。

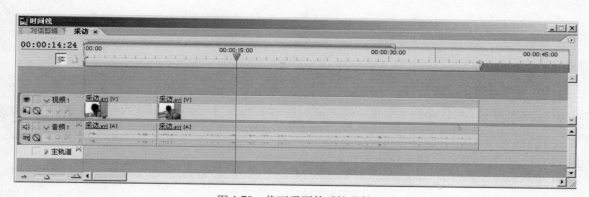

图4-70 将不需要的采访剪掉

剪完的两段素材在接合处画面是不连续的、有跳跃的，如图4-71所示，可以用空镜头"现场.avi"的画面来过渡。

（a）第一段的出点　　　　　　　　　　（b）第二段的入点

图4-71 两段采访的镜头接合处画面不连续

（6）在时间线上的00:00:17:00处设置入点，而出点设在画面断点处00:00:07:07。

（7）打开"现场.avi"素材，在00:00:02:14处设置入点，将素材监视窗口右下角的"确定抓取音视频"按钮 切换到 ，即只对画面进行剪辑，而声音不动，然后单击"覆盖"按钮 ，将一小段"现场.avi"覆盖到时间线上，如图4-72所示。

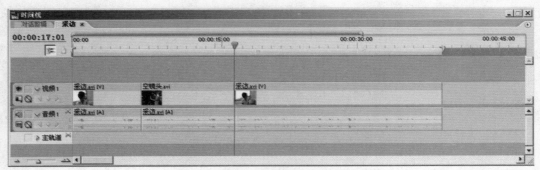

图4-72　用空镜头来衔接画面

这样在受访者讲述演员和导演的合作时，画面是一名导演在给演员说戏，声音和画面很配合，同时有了现场画面的过渡，受访者之间过渡就不会有跳跃感了。

4.3　多机位剪辑实战训练

影视故事是通过一个场景接一个场景来讲述的，而场景又是由一系列单独镜头的编排来组织的。对同一个动作、对话，往往会在多个机位通过不同景别来拍摄。比如上面对话剪辑训练里男孩和女孩的对话就有全景镜头、男孩的过肩镜头和女孩的过肩镜头等。剪辑时需要对这些镜头进行判断、选择，以组接出恰当的情景氛围，这就涉及到如何组织一场戏。

4.3.1　如何组织一场戏

在前面的章节中分别介绍了动作剪辑和对话剪辑的技巧，为组织好一场戏打下了一定的基础。为了组织好一场戏，剪辑师剪辑工作的一般步骤和方法如下：

（1）研究脚本，熟悉创作意图。

脚本说是一部影视作品的创作蓝图，导演已经将其对未来作品的视听构想落实在文字间。正像其他部门一样，剪辑的工作也是从脚本开始的。剪辑需要研究脚本，了解故事的背景、主题、人物及其性格、结构等，在自己脑海里先想象未来影片的模样。另外，剪辑要熟悉导演，充分了解导演的创作风格、艺术倾向、工作习惯以及对作品的整体构思等，确保对导演的创作融会贯通，心有灵犀。

对于一般的手机、网络电影作品，往往是集编剧、导演、摄像和剪辑于一人，创作者对作品的创作意图非常了解，这就为后期的剪辑打下了良好的基础。

（2）浏览素材，确定剪辑形式。

其实在研究熟悉脚本时，剪辑已经对将来的影片进行了设计，当拿到拍摄素材后，剪辑需要认真浏览素材，了解素材拍摄质量，然后往往会选择其中一场戏开始剪辑工作。剪辑会根据场记表和自己的初步判断将镜头按分镜头本搭起来，这样可以大概看到这场戏的效果。这是个粗编处理过程，此时的剪辑点并不需要多么准确。

由于在现场拍摄中，导演经常会即兴创作，对一些场景、镜头作调整，所以拍出来的素材有可能与剪辑最初想象的不一致。此时，剪辑就需要根据素材重新审视自己的工作，并决定用什么样的手法来处理每场戏。

（3）凝练剪辑，完成影视创作。

经过粗剪，一部作品已经成形，但还需要精雕细琢，这就是剪辑的精剪，是一个不断凝练的过程。在这个过程中，剪辑师必须从大量的素材中选择合适的镜头去表达正确的意思。

对于手机、网络视频作品，由于其成片短，一般就三五分钟，所以素材不会很多，镜头拍摄角度也相对较少，剪辑起来会相对容易些，具体操作时注意把握节奏，镜头一定要紧凑，不要拖泥带水，否则三五分钟过去了，片子还什么都没讲。

凝练精简是要为故事服务的，在这个过程中也要注意情绪的渲染，不要匆匆忙忙把故事讲完了事，要注意运用手中的镜头，把戏里的情绪给表现出来。比如两个人在打斗，甲把乙给打败了，如果简单展现甲很顺利地打败乙就没有什么"戏"。而如果适当加入乙险些打垮甲，而甲却在紧要关头起死回生，最终击败乙等情节，则打斗的紧张气氛就浓烈多了。

又比如甲是大英雄，在打败大坏蛋乙后，甲也不幸牺牲了，此时如果剪入一组气势磅礴的群山、云海等画面，则能渲染出英雄之死重于泰山之意。

精简凝炼是一个平衡的过程，剪辑师必须在此过程中决定哪些画面需要精简，哪些情节需要渲染，有了剪辑师的反复均衡，反复尝试，观众才能看到一部部感人的精美作品。

4.3.2　多机位剪辑实战训练

1. 故事梗概

小主人公金豆是个孤儿，生母在他出生时就难产死了，由好心的代理妈妈照顾。代理妈妈待金豆如己出，金豆也很喜欢这个妈妈，由于金豆从未叫过"妈妈"，所以觉得喊"妈妈"还是有点儿难为情。

一天，在郊游时金豆和同学偷偷去游泳，不慎溺水。回家后，代理妈妈既生气又心疼，问："还去不去野泡子里游泳了？"倔强的金豆不吱声，情急之下，代理妈妈打了他几下，代理爸爸上前拦住。妈妈接着问："你下次再敢给我到野泡子里游泳，我打断你的腿，记住了没有？"金豆还是不言语。代理妈妈真急了，再次拉过金豆要打，此时金豆脱口喊道："记住了，记住了，妈妈。"全家惊呆了，代理妈妈幸福地哭了。

2. 分析任务

剪辑一场戏，首先要分析这场戏。本例是一场以人物对话为主的戏。金豆和代理妈妈相互都产生了感情，所以小金豆闯大祸后，代理妈妈很生气。而在金豆看到代理妈妈为自己真着急后，心里也知错了，从而把心里一直想喊的"妈妈"叫出来了。在这个段落中，剧情比较简单，但情感很重，于是对情感的展现和渲染就显得十分重要。

在拍摄过程中，导演已经将整场戏拆分成了若干个镜头，每个镜头的机位都有所不同。在组接这些镜头时，可以通过不同机位镜头的切换来展现人物，要注意维系情感这条线，不要把可能破坏这个情感的画面剪辑进来。

3．实战剪辑

（1）进入 Premiere Pro 时打开"D:/后期制作/第4章/多机位剪辑实战训练.prproj"项目文件，剪辑训练的素材都放在项目窗口中，如图4-73所示。

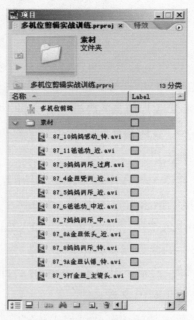

图4-73　多机位剪辑的素材

在本例中，素材命名是以场/镜序号开头的，如"87_8 妈妈训斥_特"是指第87场戏第8个镜头，内容是代理妈妈训斥金豆，特写。在电影、电视剧制作中，每个镜头前一般都拍一小段打板的画面，打板上会注明接下来将要拍摄的场序号、镜头号、拍摄次数以及其他相关信息。在如图4-74所示的打板中，说明这是《代理妈妈》（片名）的第87场戏第8个镜头的第3次拍摄，第一个数字"51"是指拍摄的第51卷胶片或第51盘录像带。打板上还有导演的名字等信息。以场/镜头序号命名素材，可以方便素材管理，剪辑时能根据剧本很快找到所需要的镜头。

图4-74　影视拍摄的打板

（2）打开"87_3妈妈训斥_过肩.avi"素材，在00:00:01:16处设置入点，在00:00:15:04处设置出点，如图4-75所示。在本例中，入点设得比较靠前，连导演喊"开始"的部分也剪进去了。主要是考虑到这是本例的第一个镜头，在故事真正开始之前需要停留长一点时间，好给观众一个适应的过程，所以不宜太快入戏。至于剪进来的杂音是可以去除的。而妈妈说完"我的话都当作耳旁风是不是"后可以切走，因为后面说话可以用更好的镜头来展现。

图4-75　设置入点和出点

（3）将打好点的"87_3妈妈训斥_过肩.avi"素材拖拽到时间线的起始位置，如图4-76所示。

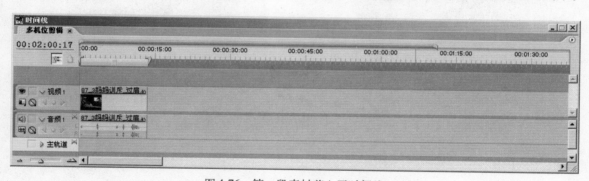

图4-76　第一段素材剪入了时间线

（4）打开"87_5妈妈训斥_近"素材，在00:00:02:15处设置入点，而出点设在00:00:10:16处，如图4-77所示。切到妈妈的近景可以更好地展现妈妈的神情。

（5）将妈妈的近景素材拖拽到时间线上第一个镜头的后面，如图4-78所示。

（6）打开"87_6爸爸劝_中近"素材，这是爸爸和女儿走进屋里并劝妈妈。爸爸和女儿是从画外入画的，入点应该是在她们入画前。这里可以把入点设在00:00:03:15处，虽然爸爸已经露出点衣服，但前景的植物正好做了些遮挡，如图4-79所示。这样一来可以把节奏剪得稍稍快一些。出点设在00:00:14:03处，如图4-80所示。

图 4-77　妈妈的近景

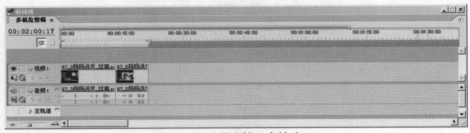

图 4-78　剪上第二个镜头

图 4-79　入点设在人物露脸前

图 4-80　设置出点

（7）将爸爸的镜头拖拽到时间线上，如图 4-81 所示。

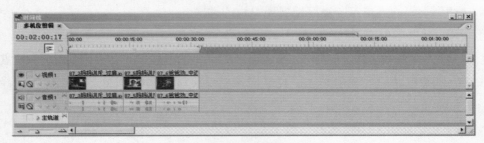

图 4-81　剪上第三个镜头

（8）打开"87_7妈妈训斥_中"素材，在妈妈即将起身时（00:00:06:02）设置入点，如图4-82所示，出点设在00:00:21:12处，如图4-83所示。

图4-82 入点设在起身前

图4-83 设置出点

（9）将打好点的素材拖拽到时间线上，如图4-84所示。

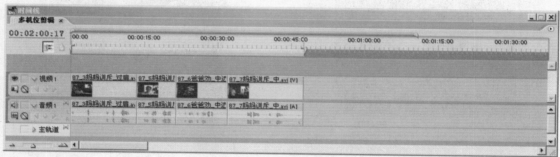

图4-84 剪上第四个镜头

（10）打开"87_8A金豆低头_近"素材，分别在00:00:04:13和00:00:07:01处设置入点和出点，如图4-85所示。

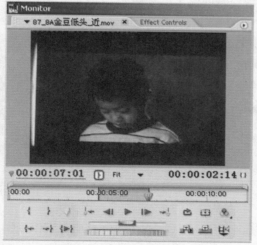

图4-85 设置入点和出点

（11）将金豆低头的素材拖拽到时间线上，如图4-86所示。

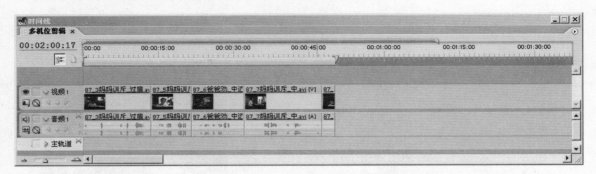

图4-86　剪上第五个镜头

（12）打开"87_9打金豆_主镜头"素材，在00:00:02:19处设置入点，如图4-87所示，在00:00:11:24处设置出点，如图4-88所示。出点没有设在妈妈说话前，主要是爸爸和金豆的动作太多了，没有一个很好的剪切点。

图4-87　设置入点

图4-88　设置出点

（13）将打好点的素材拖拽到时间线上，如图4-89所示。

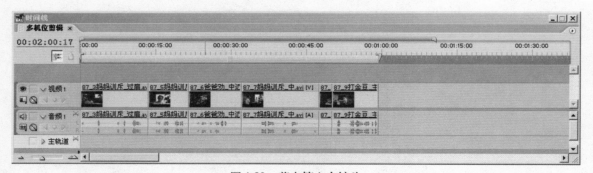

图4-89　剪上第六个镜头

（14）打开"87_8妈妈训斥_特"素材，分别在00:00:02:23和00:00:10:12处设置入点和出点，如图4-90所示。

图 4-90　设置入点和出点

（15）将打好点的素材拖拽到时间线上，如图 4-91 所示。

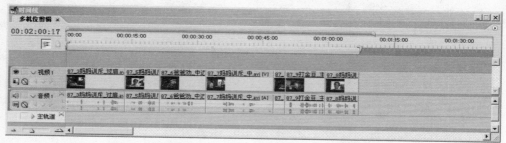

图 4-91　剪上第七个镜头

（16）打开"87_9打金豆_主镜头"素材，在 00:00:20:05 处设置入点，如图 4-92 所示，而出点设在金豆刚要第二次说"记住了"之前（00:00:24:00），如图 4-93 所示。

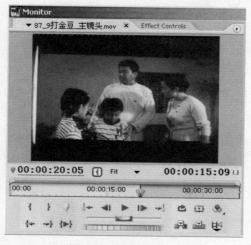

图 4-92　设置入点

图 4-93　设置出点

（17）将打好点的镜头拖拽到时间线上，如图 4-94 所示。

（18）打开"87_9A金豆认错_特.avi"素材，在金豆第二次说"记住了"前（00:00:10:17）设置入点，如图 4-95 所示。出点设在 00:00:13:15 处，即金豆喊完"妈妈"之后，让小金豆的纯真的脸特写多停留一点时间，展现金豆喊"妈妈"才是发自内心的，如图 4-96 所示。

手机网络影视后期合成

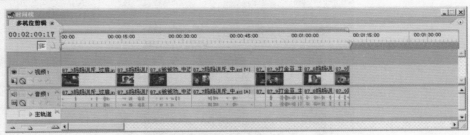

图 4-94　剪上第八个镜头

图 4-95　设置入点

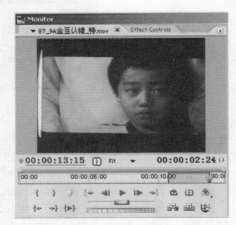

图 4-96　让特写停留长一些

（19）将打好点的素材拖拽到时间线上，如图 4-97 所示。

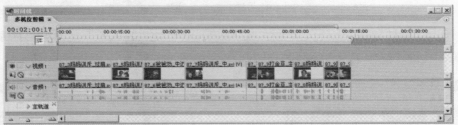

图 4-97　插入金豆特写

（20）打开 "87_10 妈妈感动_特.avi" 素材，在 00:00:12:24 处设置入点，如图 4-98 所示。在 00:00:29:02 处设置出点，此时妈妈幸福地哭了，如图 4-99 所示。

图 4-98　设置入点

图 4-99　设置出点

（21）将打好点的素材拖拽到时间线上，如图4-100所示。

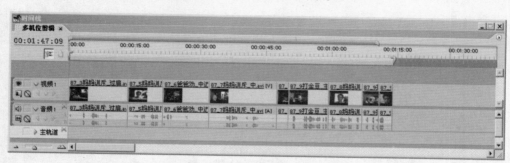

图4-100 完成故事的串接

这样整个故事是串接完了，但一些对话场景中缺少人物"反应"的画面，这样使原画面显得比较长，节奏较慢，而且没有"反应"的画面就缺少了人物间的交流，情绪出不来。

（22）金豆作为主角之一，需要在第一个镜头让观众认识他，看看他对妈妈训斥的反应。分别在时间线上的00:00:09:11和00:00:13:13处设置入点和出点。

（23）打开"87_4金豆受训_近"素材，这里不用关心原画面的旁白，只需要金豆的表情。在小金豆抬头看了妈妈一眼又低下头后（00:00:07:16）设置出点，如图4-101所示。

图4-101 设置入点和出点

（24）切换"确定抓取音视频"按钮 到视频模式 ，单击"覆盖"按钮 ，则金豆的画面就该在妈妈的训斥声音之上，这样对话中就多了金豆的反应镜头，如图4-102所示。

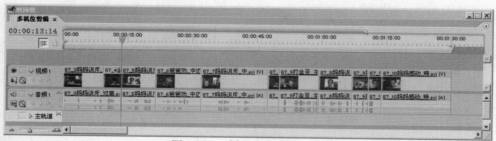

图4-102 插入人物反应画面

（25）第一个镜头开始夹有导演的喊话声，需要处理掉。在时间线上的00:00:00:00和00:00:01:03处分别设置入点和出点。

（26）在"87_3妈妈训斥_过肩.avi"素材上找一段环境声，入点可以设在00:00:06:12处。切换"确定抓取音视频"按钮 到音频模式 ，单击"覆盖"按钮 把导演的喊话声用环境声覆盖住，如图4-103所示。

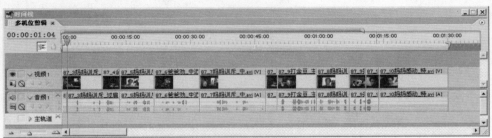

图4-103　去除杂音

（27）第八个镜头也可以插入一个金豆的反应画面。在时间线的00:01:05:03和00:01:07:00处分别设置入点和出点。

（28）打开"87_9A金豆认错_特"素材，在00:00:05:11处设置入点，如图4-104所示。

图4-104　设置入点

（29）切换"确定抓取音视频"按钮 到视频模式 ，单击"覆盖"按钮 将金豆低头不作声的画面盖在妈妈的训斥声音之上，如图4-105所示。

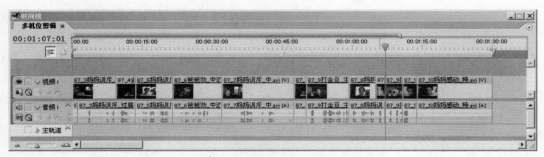

图4-105　插入人物反应画面

（30）不过金豆的画面停顿时间不够，显得有点短。将时间指示标停在时间线的00:01:07:14上，选择"波纹编辑工具"按钮 ，按住Shift键的同时单击金豆的画面和对应的声轨，然后向右拖拽到时间指示标处。金豆的画面和对应的声音得以延长了半秒，而后面的镜头相应向后错了半秒，如图4-106所示。

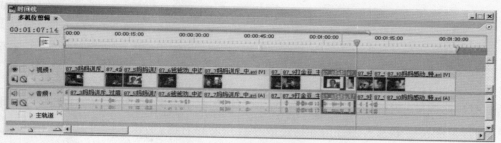

图4-106　延长画面和声音

（31）最后一个镜头中，当妈妈抬头看爸爸时可以接爸爸的反应。在时间线上的00:01:17:08处设置入点。

（32）打开"87_11爸爸劝_近"素材，在00:00:08:03处设置入点，在00:00:09:16处设置出点，如图4-107所示。

图4-107　插入爸爸反应的镜头

（33）"确定抓取音视频"按钮在音视频模式 下，单击"插入"按钮 ，则爸爸的画面就把妈妈的画面分成了两段，如图4-108所示。

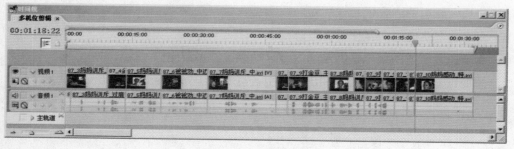

图4-108　完成剪辑

另外，当爸爸走进屋劝阻时以及金豆提出异议时，妈妈都有说话应答，都可以将妈妈的镜头切进去，但这样会把画面剪得比较碎，而且这两个画面中妈妈显得过于严厉，如果把这些镜头剪上去，可能会引起误解——金豆是被打骂才喊妈妈的。

剪辑功能的发现使得连续的情节可以拆分拍摄后再重组，但不是每个连续动作都需要分切，有时长镜头更能满足创作需求，剪辑时一定要根据剧情需要来选择镜头，最终完成一部好的影视作品。

本章小结

对话剪辑在影视创作中的重要性勿庸置疑。但影视作品首先是视觉的创作，所以剪辑对话场景要奉行精简原则，只保留对刻画人物性格和讲述故事有帮助的对话。剪辑对话可以采用同位方式和串位方式，在剪辑中常常采用"表达＋反应"的模式。但在具体组织一场戏时，要根据剧情的需要合理分切镜头，而不是教条化地组接镜头。要灵活、熟练地运用各种剪辑技巧，才能在剪辑中展现人物内心世界，同时控制节奏，烘托气氛，从而组接出最佳效果。

自测题

一、单选题

1. 影视剪辑中应该（　　）。

　　A. 就让人一直说，因为直接说出来更明白易懂

　　B. 影视就是视觉艺术，不用什么对话，通过画面就能解决一切问题

　　C. 画面和对话要一半一半地对分

　　D. 对话要简明扼要，应该配合画面共同讲述故事

2. 将"确定抓取音视频"按钮切换到 🔲 模式时（　　）。

　　A. 对素材的声音和画面都进行剪辑

　　B. 只剪辑素材的画面

　　C. 只剪辑素材的声音

　　D. 素材的声音和画面都没有剪辑，只剪入一段黑场

3. "析取"按钮 🔲 可以（　　）。

　　A. 将选定轨道的内容延长或缩短

　　B. 删除选定轨道的内容并留下空白

　　C. 删除选定轨道的内容，之后的内容自动跟进，不留空白

　　D. 改变选定轨道内容的入点和出点，但长度不变

二、多选题

1. 对话场景的"表达＋反应"剪辑方式中，画面造型匹配指（　　）。

  A．画面构图应该是匹配的 　　　B．人物的视线要一致

  C．人物的服饰要连续 　　　　　D．同一时空下光线应该是统一的

 2．剪辑对话场景时，两个镜头的声音和画面（　　）。

  A．一定要同时切换

  B．声音和画面可以同时切换，也可以分别切换

  C．下一镜头的声音可以提前到上一镜头的画面上

  D．上一镜头的画面可以延续到下一个镜头的声音

 3．对话剪辑时主要考虑以下因素中的（　　）。

  A．造型因素 　　　　　　　　　B．简单因素

  C．成本因素 　　　　　　　　　D．时间因素

 4．剪辑一场戏时，通常是（　　）。

  A．可以抛弃剧本自由创作 　　　B．所有动作都要分切

  C．根据情节需要组织镜头 　　　D．与导演通力合作

三、填空题

 1．如果要剪出节奏快的效果，对话之间的停顿时间应该 _____。

 2．剪辑对话时，声音和画面同时剪辑的方式是 _____。

 3．选择"旋转编辑工具" ⇄ 的作用是 _____。

课后作业

 1．利用对话剪辑实战训练的素材，剪辑出对话双方情绪比较激动的感觉。

 2．利用多机位剪辑实战训练的素材，剪接出小金豆是被屈打成招的效果。

第5章　影视视频特技制作

本章主要内容：

- 使用 Trim 功能对素材进行精剪
- 加入转场特技
- 制作速度特技
- 制作画中画效果
- 设计字幕动画
- 调整影片色彩

本章重点：

- 掌握视频精剪的方法
- 对转场的设置的掌握
- 制作速度特技
- 制作画中画效果
- 字幕的制作和设置动画
- 对调色特效的掌握

本章难点：

- Trim 功能的掌握
- 制作画中画效果
- 字幕动画的制作
- 调色特效的掌握

学习目标：

- 掌握使用 Trim 面板对影片进行精剪
- 掌握设置转场的方法和技巧
- 掌握画中画效果的制作方法
- 可以独立设计制作字幕
- 掌握常用的调色技巧

在一部影片中，剪辑固然十分重要，但是同样也离不开特效的润色。前几章主要讲了音视频剪辑的技术与技法，在本章中要涉及到 Premiere Pro 1.5 的特技制作。由于篇幅有限，还是有一些编辑技巧没有在案例中涉及，但是视频编辑看重的应该是一种创作理念，而不是某一项编辑技术，主要还是在学习的过程中将知识融会贯通，进而举一反三。

5.1 影片精剪实务训练

虽然利用工具在监视器窗口和时间线窗口中已经可以完成大部分甚至全部的视频剪辑操作，但是如果想精确地调整素材片段之间的切点，或是再次调整已经放置到时间线的素材的入点和出点，最方便高效的方法就是在 Trim 窗口中编辑。这是一个专门设计用来进行视频精剪的面板。

5.1.1 微调剪辑点

打开 Premiere Pro 1.5，导入 "D:\后期制作\第5章" 下的所有音视频文件（如图 5-1 所示），将除 "手机电影.avi" 之外的所有视频素材放置到时间线上的 "视频1" 轨道上，并按图中时间顺序排列，如图 5-2 所示。

图 5-1　导入素材

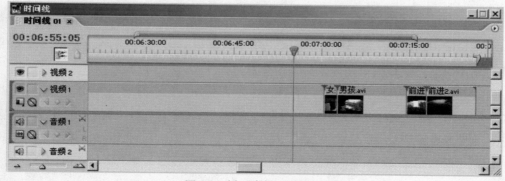

图 5-2　插入素材到时间线

选中 "视频1" 轨道，选中的视频轨道会呈深灰色显示，如图 5-3 所示。

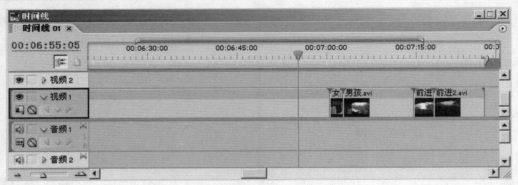

图 5-3 选择"视频1轨道"

修整编辑是针对整个轨道进行的。单击"节目监视窗口"左下角的"修整"按钮，如图 5-4 所示，打开"修整编辑"窗口，如图 5-5 所示。

图 5-4 "修整"按钮

图 5-5 "修整编辑"窗口

"修整编辑"窗口和监视器窗口十分相似，不过实现的功能完全不同。这两个视窗显示的是两段素材在结合部位的前后两帧。窗口中左侧画面是第一段素材的出点，右侧画面是第二段素材的入点。在编辑的过程中可以方便地查看两段素材的结合点。

1. 修改入点和出点

在"修整编辑"窗口中可以对素材的入点和出点进行编辑。首先放大时间线，以方便观察素材的长度变化，如图 5-6 所示。

（1）按住"女孩.avi"素材的入点向右拖动，素材的入点改变，整个素材在时间线上的长度被缩短。在调整"女孩.avi"素材入点的同时，右边视窗中的显示也会随着出点帧的改变而改变。在本例中，"入点转换"时间为 +00:00:00:22，如图 5-7 所示。

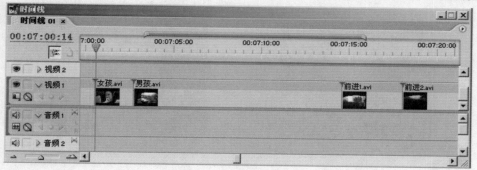

图 5-6　放大时间线显示

图 5-7　调整"女孩.avi"素材的入点

图 5-8 所示是素材出点改变前后素材在时间线上的长度对比。

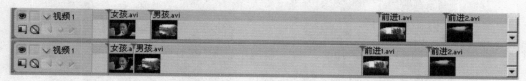

图 5-8　修改入点前后对比

　　在本例中，由于素材持续时间比较短，用鼠标就可以比较精确地控制入点帧，对一段持续时间比较长的素材来说，一般用鼠标将入点拖拽到一个大略的位置，然后拖动需要修改素材的"慢巡盘"或单击 +1、+5、-1、-5 对素材进行"前进一帧"、"前进五帧"、"后退一帧"、"后退五帧"的精确编辑。

　　编辑完成后，单击"播放编辑"按钮 ▶▶ 对两段素材的结合点进行播放预览，发现问题及时修正。

　　（2）单击"转到下一个编辑点"按钮 +1 +5 |← → ←| ，"修整编辑"窗口的素材出入帧内容显示"女孩.avi"和"男孩.avi"素材结合点的两帧，如图 5-9 所示。

　　可以看到时间线上的编辑点位置转移到了"女孩.avi"和"男孩.avi"素材的结合点，如图 5-10 所示。

　　（3）拖动"男孩.avi"素材入点，设置"入点转换"时间码为 +00:00:03:15。出点编辑完成后，"修整编辑"窗口显示，如图 5-11 所示，时间线上的影片显示如图 5-12 所示。

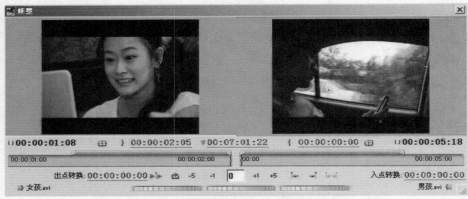

图 5-9　转到下一个编辑点

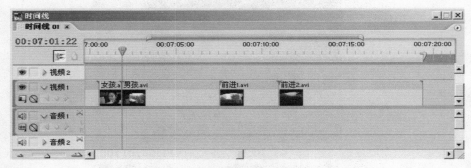

图 5-10　转到下一个编辑点

（4）单击"转到下一个编辑点"按钮，"修整编辑"窗口的素材出入帧内容显示"男孩.avi"和"前进 1.avi"素材结合点的两帧，如图 5-13 所示。

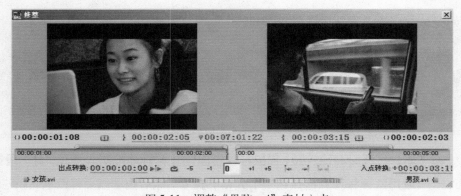

图 5-11　调整"男孩.avi"素材入点

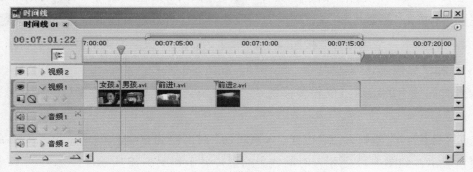

图 5-12　调整"男孩.avi"素材入点

图 5-13 转到下一个编辑点

可以看到时间线上的编辑点位置转移到了"男孩.avi"和"前进1.avi"素材的结合点,如图 5-14 所示。

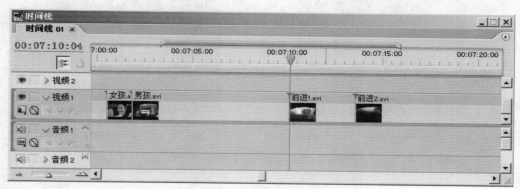

图 5-14 转到下一个编辑点

(5)拖动"男孩.avi"素材出点,设置"出点转换"时间码为 -00:00:06:00。出点编辑完成后,"修整编辑"窗口显示如图 5-15 所示,时间线上的影片显示如图 5-16 所示。

图 5-15 调整"男孩.avi"素材出点

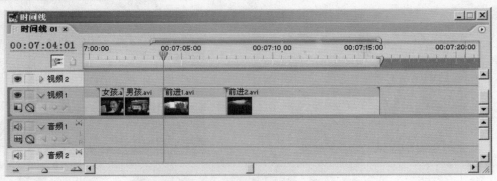

图 5-16　调整"男孩.avi"素材出点

2. 滚动编辑

（1）单击"转到上一个编辑点"按钮 ，"修整编辑"窗口的素材出入帧内容显示"女孩.avi"和"男孩.avi"素材结合点的两帧，如图 5-17 所示。

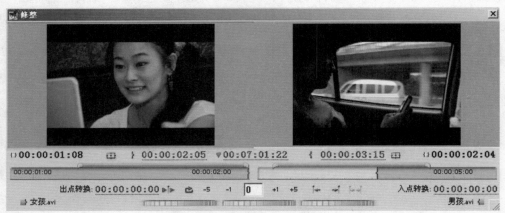

图 5-17　转到上一个编辑点

时间线上影片显示如图 5-18 所示。

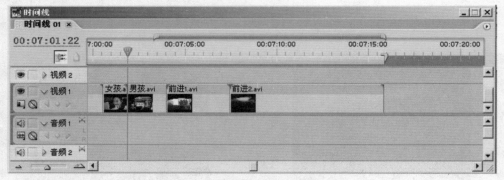

图 5-18　转到上一个编辑点

下面，要在保持影片长度不变的情况下对"女孩.avi"和"男孩.avi"素材的出入点同时进行编辑。

（2）将鼠标放在两段素材的中央，鼠标指针会变成"滚动编辑"图标 。按下鼠标左键并向左拖动，则"女孩.avi"素材的出点时间变小，"男孩.avi"素材的入点时间变大。在本例中向左拖动 5 帧停止，如图 5-19 所示。

图5-19 滚动编辑

当然，也可以拖动中间的"慢巡盘"或单击 +1、+5、-1、-5 对素材进行"前进一帧"、"前进五帧"、"后退一帧"、"后退五帧"的精确编辑。

编辑完成后，单击"播放编辑"按钮 ▶▶ 对素材的结合点进行播放预览，发现问题及时修正。

由于编辑是同时对两段素材进行，时间线上影片的持续时间是没有变化的，如图 5-20 所示。

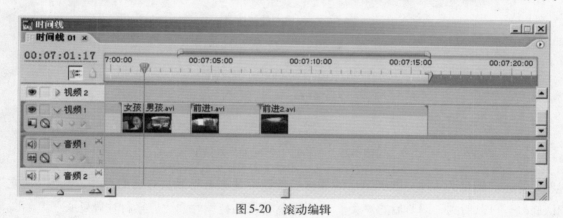

图5-20 滚动编辑

5.1.2 速度调节

有时需要对影片进行一些特殊的效果处理，最常见的就是快慢镜头。在本片中，也是大量地应用了慢镜头特效来突出一种浪漫的氛围。由于片尾男演员离开时飞速后退的常青树镜头太短，结尾会感觉很仓促。需要对素材进行慢速播放以延长素材的播放时间，同时也会增加影片结尾男孩离开城市时的留恋。

（1）做慢镜头效果的原理就是保持素材内容不变的情况下将素材的持续时间延长。用鼠标左键框选"女孩.avi"素材之后的 3 段素材，拖拽并向后移动一段距离，为"女孩.avi"素材留出延长空间，如图 5-21 所示。

（2）在时间线上将名为"女孩.avi"的素材选中，在选中的素材片段上右击，在弹出的快捷菜单中选择"速度 / 持续时间"选项，如图 5-22 所示，弹出"速度 / 持续时间"对话框，如图 5-23 所示。

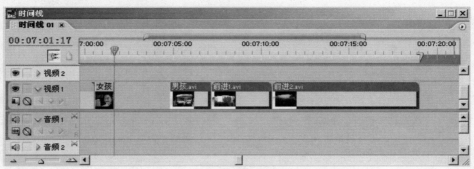

图 5-21　拖拽素材

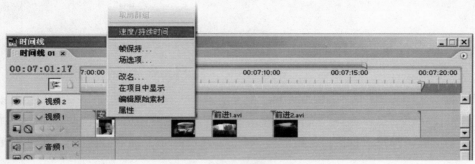

图 5-22　弹出右键快捷菜单

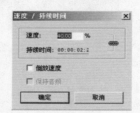

图 5-23　"速度/持续时间"对话框

（3）将速度调整为40%，即调节后的素材播放速度是原素材播放速度的40%。单击"确定"按钮确认修改。可以看到，调节后的"女孩.avi"素材片段的持续时间比原素材片段延长了，如图5-24所示。

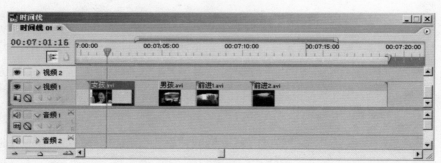

图 5-24　调节"女孩.avi"素材播放速度

（4）在"女孩.avi"和"男孩.avi"素材之间的空白处右击，选择"波纹删除"选项，将素材空隙填补，如图5-25所示。

（5）用同样的方法调整"男孩.avi"素材的播放速度为60%，如图5-26所示。

图 5-25 波纹删除空隙

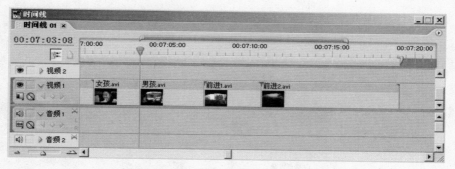

图 5-26 调节"男孩.avi"素材播放速度

（6）调整"前进 1.avi"素材的播放速度为 50%，如图 5-27 所示，慢放"前进 1.avi"和"前进 2.avi"素材，在制造男孩留恋女孩感觉的同时也为添加片尾字幕留出了足够的时间。

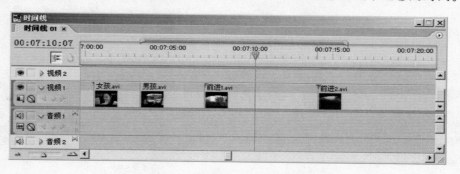

图 5-27 调节"前进 1.avi"素材播放速度

（7）调整"前进 2.avi"素材的播放速度为 50%，如图 5-28 所示，速度调节就完成了。快放也在影视中有很广泛的应用，将"播放速度"设置在 100% 以上就可以对素材快放了。

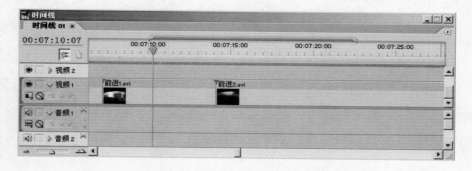

图 5-28 调节"前进 2.avi"素材播放速度

5.1.3 使用转场特技

转场是一个非常重要的视频艺术表现手段。作为一种镜头间的转化方式，其实在影片剪辑的过程中"剪"的方法也是属于无技巧转场，它只是利用镜头的自然过渡来连接两个场面。而在实际的节目制作中为了体现不同的视觉效果和叙事要求，还需要用到技巧转场的方式，也就是利用特技来连接两个场面。

Premiere Pro 1.5中预置了非常多的转场特效，不过在影片的制作中很少会用到花哨的转场效果，否则会使影片的衔接显得比较凌乱。最常用的是"交叉溶解"转场。

1. 添加转场

在"特效"选项卡中找到"视频转换"→Dissolve（溶解）→"交叉溶解"（如图5-29所示），用鼠标左键将该转场拖拽到时间线上"女孩.avi"和"男孩.avi"素材的中间，转场效果就加入了，如图5-30所示。

图5-29 选择"交叉溶解"特效

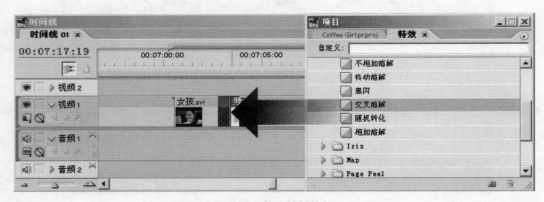

图5-30 加入转场特技

2. 修改转场持续时间

按空格键播放影片，转场时间太短，感觉有些仓促。下面需要把转场持续时间延长。

（1）双击时间线上加入的转场效果，可以在"特效控制"选项卡中看到打开的转场效果参数，如图5-31所示。

（2）将"持续时间"设置为00:00:02:00，播放影片，感觉转场效果就比较合适了，如图5-32和图5-33所示。

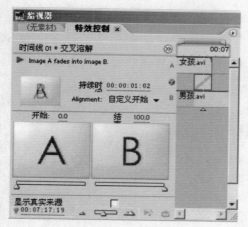

图5-31　转场参数

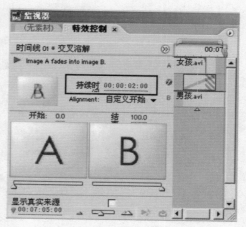

图5-32　修改持续时间

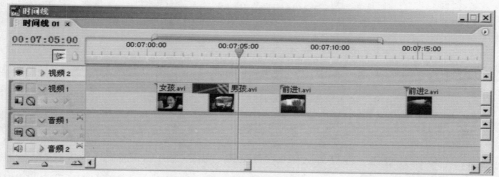

图5-33　修改持续时间

（3）用同样的方法在"男孩.avi"和"前进1.avi"素材之间加入转场，转场持续时间为00:00:01:20秒，如图5-34所示。

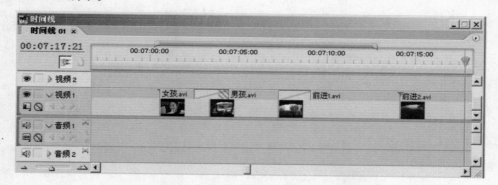

图5-34　加入转场

（4）在"前进1.avi"和"前进2.avi"素材之间加入转场，这时会弹出一个警告框（如图5-35所示），这是因为"前进1.avi"和"前进2.avi"素材并没有设置入出点，在时间线上的素材长度是它们的完全长度。转场效果需要素材入出点以外的素材做叠化，而这两段素材并没有其他可以利用的部分。单击"确定"按钮关闭警告框，设置转场持续时间为00:00:02:00，如图5-36所示。

图 5-35　警告框

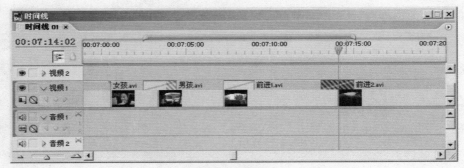

图 5-36　设置转场

5.2　画中画

在视频编辑中画中画效果是一种常用的效果，下面通过一个典型案例的制作来学习画中画效果的编辑方法。

5.2.1　导入素材图片

在项目窗口的空白处双击，打开导入素材对话框，选择"D:\后期制作\第5章\电脑.psd"。由于该PSD文件包含两个图层，所以在导入到Premiere Pro1.5中时会有一个解释多图层素材的对话框（如图 5-37 所示），将 Import As 设置为 Sequence，如图 5-38 所示。单击 OK 按钮将素材导入到项目窗口中，如图 5-39 所示。

图 5-37　解释多图层素材的对话框

图 5-38　设置 Import As 为 Sequence

图 5-39　导入多图层素材

5.2.2　制作画中画效果

（1）分别将"电脑"文件夹下面的"屏幕"图层和"播放器"图层插入到"视频 2"和"视频 4"轨道上的 00:05:54:16 时码处，如图 5-40 所示。注意，默认情况下只有 3 个视频轨道，从项目窗口中拖拽一个素材到"视频 3"轨道上方的空白处就会自动添加一个"视频 4"轨道。

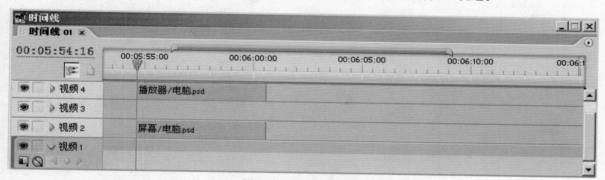

图 5-40　分别插入图层

（2）选择"视频 3"轨道，将"手机视频.avi"素材插入到 00:05:54:16 时码处（如图 5-41 所示），上层视频轨道上的素材会将下层视频轨道的素材遮挡，如图 5-42 所示。

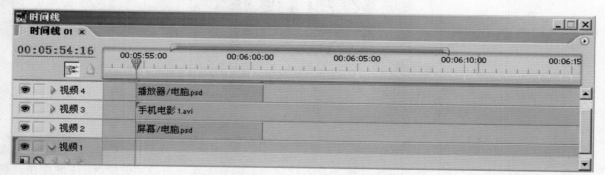

图 5-41　插入"手机视频.avi"素材

图 5-42　图层遮挡

（3）选择"手机电影.avi"素材，切换到"效果控制"选项卡，其中显示的是施加在当前素材片段上的所有效果，"运动"和"透明"为默认的效果，如图 5-43 所示。单击"运动"左边的小三角，展开"运动"参数，将"位置"的数值设置为 431 和 331；将"比例"的数值设置为 42，如图 5-44 所示。这时画中画效果已经出来了，如图 5-45 所示。

图 5-43　"效果控制"选项卡

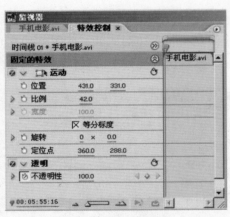

图 5-44　展开参数

图 5-45　画中画效果

（4）由于影片是有场的，输出的影片中图片素材部分可能会出现上下跳动的情况。下面使用一种方法尽量减少影片的跳动。在"特效"选项卡中找到"视频特效"→ Blur&Sharpen（模糊与锐化）→

"定向模糊",如图5-46所示。

图5-46 定向模糊

(5)用鼠标左键将"定向模糊"特效拖拽到时间线上的"播放器/电脑.psd"素材上,松开鼠标,特效效果就添加了,如图5-47所示。

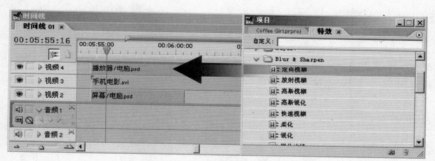

图5-47 添加定向模糊效果

(6)切换到"特效控制"选项卡,可以看到刚刚加入的"定向模糊"视频特效,如图5-48所示。展开"定向模糊"特效,将Blur Length(模糊长度)设置为0.5,如图5-49所示。模糊的数值要适中,数值太大画面就会不清晰;数值太小则不能有效地抑制画面的跳动。

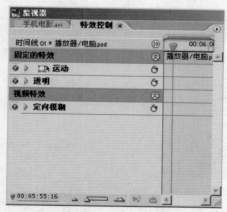

图5-48 添加"定向模糊"特效

图5-49 设置模糊长度

(7)将"播放器\电脑.psd"和"屏幕\电脑.psd"素材延长,与"手机电影.avi"素材对齐,如图5-50所示。

图 5-50　延长素材

5.3　如何加入字幕和标志

在影片的剪辑和转场部分完成以后，为影片加入字幕是现阶段比较重要的工作内容。任何影片的呈现，只靠影像和声音，有时并不能完整表达创作的意念；字幕的辅助说明，让观赏影片的人能更具体地了解影片创作者的意图。

随着影视编辑技术的不断普及，在网络上经常可以看到视频爱好者自己通过剪辑已有影片二次创作的影片。这些影片一般以搞笑为主，让人忍俊不禁。在这种类型的创作中，主要技术就是获取视频、剪辑影片、后期配音（很多是家乡话配音，这时字幕尤其重要）、添加字幕。

在本片中，不需要对影片制作同声字幕，下面制作一个片尾演职人员表，这个制作会涵盖一些比较常用的字幕编辑技术，如设计字幕、设置字幕动画等。

5.3.1　为影片添加字幕

1. 创建字幕

在 Premiere Pro 1.5 中有一个相对独立的字幕编辑工具，对字幕风格的大部分编辑都是在"Adobe 字幕设计"中完成的。

选择"文件"→"新建"→"字幕"命令，打开"Adobe 字幕设计"窗口，如图 5-51 所示。

图 5-51　"Adobe 字幕设计"窗口

　　字幕编辑器看起来比较复杂，其实在实际影视工作中，字幕编辑器大部分排版和绘图的功能是用不到的。对于左侧工具窗口中的其他字幕工具，大都是作图或排版用的，非常直观，如果学过简单的图形制作就可以很快上手了。

　　为影片加入字幕的第一步是在字幕窗口中输入需要在影片中显示的文字。

　　（1）在字幕窗口中单击，输入中文"演员"字样，如图5-52所示。

　　在字幕输入的时候，有些字是显示不了的。这主要是由于当前所选字体的字库中缺少了一些中文。这时候，必须要选择一种可以显示当前所有文字而且比较合适的字体。

　　（2）在"目标风格"设置框中展开"属性"参数，如图5-53所示。展开"字体"选择列表，选择"浏览"命令，如图5-54所示。在弹出的选择框中选择STZhongsong Regular，如图5-55所示。

图5-52　输入文字

图5-53　展开属性

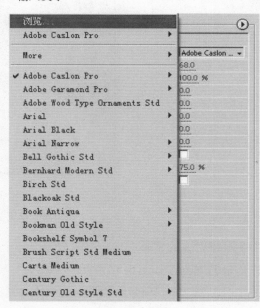

图5-54　浏览字体

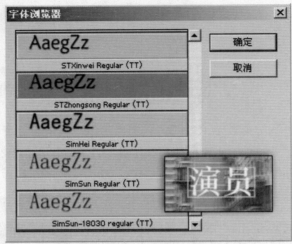

图 5-55　选择字体

2．设计影片字幕风格

　　文字输入后，下面要根据影片的风格来设计字幕风格。Premiere Pro 1.5 的字幕设计功能非常强大。但是一般来说，太花哨的字幕反而会显得杂乱、不专业，会对影片的效果产生负面影响。字幕风格设计最好是"适可而止、简洁是美"。

　　将"属性"中"字体大小"设置为 40，将"字距"设置为 25，如图 5-56 所示。

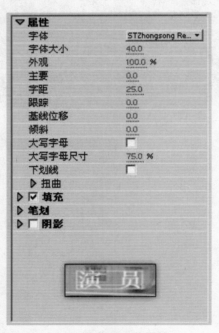

图 5-56　设置字体属性

　　按 Ctrl+S 键将完成的字幕存储，这时会弹出一个"保存字幕"对话框，输入字幕的名称，为字幕命名时要注意命名规范，如图 5-57 所示。

　　字幕保存后，可以在"项目窗口"中看到刚才编辑的字幕文件，后缀为.prtl，如图 5-58 所示。如果需要制作很多字幕，应专门建立文件夹存储。

图 5-57　"保存字幕"对话框

下面用同样的方法制作演员名字的字幕。字体使用STZhongsong Regular，"字体大小"为25，"字距"设置以与字幕"演员"左右对齐为准。在项目窗口中查看制作完成的全部字幕，如图5-59所示。

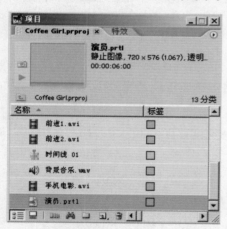

图 5-58　项目窗口中的字幕

图 5-59　完成字幕

3．让字幕动起来

下面为字幕设置关键帧动画。关键帧的概念来源于传统手工动画，传统的动画片每一秒要15帧，一般来说画师只画出关键的图，比如只画一个人的蹲和起两张图，中间的过程则由美工人员来完成。为字幕做动画用的也是这种原理，但是实现起来要方便得多。

（1）将"演员"字幕文件插入到时间线上"视频2"轨道上的00:07:09:10时码处，将字幕素材时间长度设置为"3秒"，如图5-60所示。

（2）打开"演员.avi"素材的"特效控制"选项卡，展开"运动"，设置"位置"为380和220，如图5-61所示。

图 5-60　插入"演员"字幕

（3）展开"透明"，将"特效控制"选项卡中的"时间指示标"拖拽到最左边，并将"不透明性"设置为0。这时在时间线上会出现"不透明性"的关键帧，如图5-62所示。同时注意"节目监视"窗口中的显示变化。

图 5-61　设置字幕位置

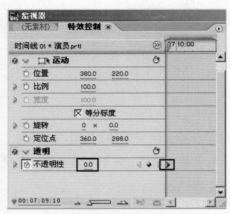

图 5-62　设置"不透明性"关键帧

（4）将"时间指示标"拖拽到00:00:09:20时码处，将不透明度设置为100，加入第二个关键帧，如图5-63所示。

　　播放素材，可以在"节目监视"窗口中看到素材的不透明度在00:00:09:10时码与00:00:09:20时码之间出现了从0到100%的变化，即一个字幕淡入的效果。

（5）将时间指示标拖拽到00:07:12:00时码处，单击"不透明性"的"添加/删除关键帧"按钮，设置不透明度为100%的关键帧，如图5-64所示。

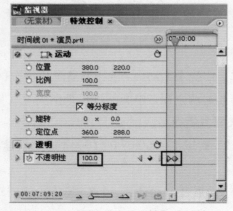

图 5-63　设置"不透明性"关键帧

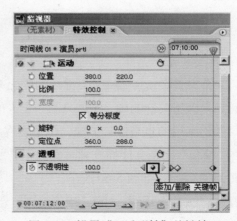

图 5-64　设置"不透明性"关键帧

（6）将时间指示标拖拽到素材的末尾，将透明度设置为0，如图5-65所示。可以在"节目监视"窗口中看到素材的不透明度出现了从100%到0的变化，即一个字幕淡出的效果。这样，字幕的一个淡入、保持、淡出的效果就完成了。下面给其他的字幕也添加同样的效果。

图5-65 设置"不透明性"关键帧

（7）选择"视频3"轨道，将字幕"赵野"插入到00:07:09:10时码处，并设置字幕"赵野"的持续时间与字幕"演员"的相同，如图5-66所示。

图5-66 插入字幕

（8）在字幕"演员"上右击，在弹出的快捷菜单中选择"复制"选项，如图5-67所示；在字幕"赵野"上右击，在弹出的快捷菜单中选择"粘贴属性"选项，如图5-68所示；在"特效控制"选项卡中可以看到字幕"演员"的关键帧动画已经粘贴到字幕"赵野"中了，如图5-69所示。

图5-67 "复制"选项

图5-68 "粘贴属性"选项

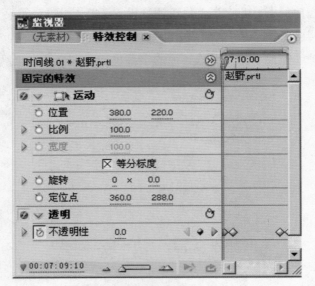

图 5-69　查看关键帧

　　但是由于"粘贴属性"命令将字幕"演员"的位置属性也粘贴给了字幕"赵野",所以还需要再次调整字幕"赵野"的位置,在设置位置的时候除了要居中与字幕"演员"对齐之外,还要注意下面需要添加3个字幕、字幕之间的距离设计为多大、所有字幕在屏幕中的位置是否符合构图原则等问题。

　　(9)用同样的方法将字幕"徐海鹏"、"黄裕成"、"王向辉"依次插入到"视频4"、"视频5"、"视频6"轨道上。插入的时码和长度与字幕"赵野"相同。用同样的方法粘贴属性并依次设置字幕到如图 5-70 所示的位置。按空格键播放影片,可以看到字幕一起淡入,持续一段时间后再一起淡出的动画,如图 5-71 所示。

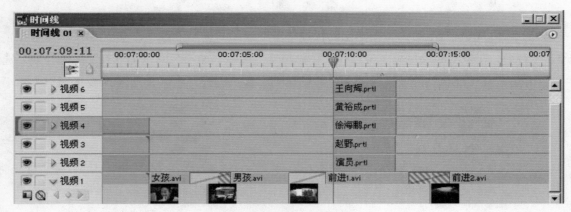

图 5-70　设置字幕位置

　　(10)将时间线上除字幕"演员"以外的其他字幕用选择工具依次向后推迟5帧,如图 5-72 所示,按空格键播放影片,可以看到字幕逐个从上由下淡入,持续一段时间后再逐个从上由下淡出的动画,如图 5-73 所示。

　　在"特效控制"选项卡中的效果除了转场以外都可以设置动画。动画是由两个不同的时间点素材的属性或特效参数数值的改变制作出来的。

图5-71　预演动画

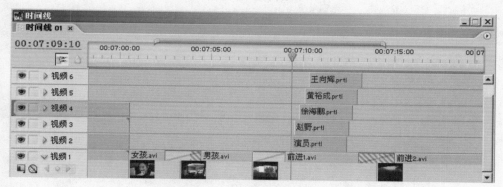

图5-72　设置字幕时间

图5-73　预演动画

5.4 视频特效

5.4.1 调整影片色彩

由于本片的整体基调是充满热情、富有青春活力的,对画面的要求是鲜明,所以要通过两个特效对整部影片进行"亮度/对比度"与"饱和度"的处理。

下面几种调整都是针对整个影片的效果而设计的,如果将特效选项卡中的特效拖拽到每段素材上进行调整,将是一个非常费时费力的工作,可以用一种简单的方法来完成。

选择"文件"→"新建"→"时间线"命令,弹出"新建时间线"对话框,如图5-74所示,单击"确定"按钮建立一个新序列,名为"时间线2"。此时时间线窗口中显示时间线02的内容,如图5-75所示。

图 5-74　"新建时间线"对话框

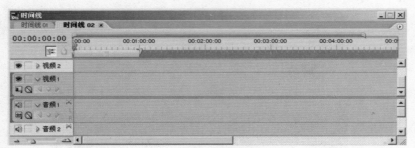

图 5-75　时间线 02

将"序列01"由项目窗口中拖拽到时间线内的"序列02"中,可以看到刚刚在"序列01"中完成的影片片段集作为一个合并的影片放置到了"序列02"中,如图5-76所示。这时候可以对整个影片进行色彩调整处理了。

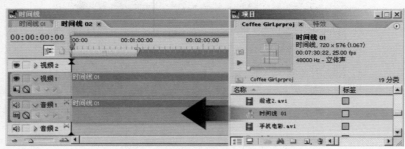

图 5-76　时间线嵌套

1. 亮度与对比度

（1）在"特效"选项卡中找到"视频特效"→"调整"→"综合"特效，用鼠标左键拖拽到"效果控制"选项卡中，如图5-77所示。

图5-77　加入"综合"特效

（2）展开"综合"特效的参数，如图5-78所示。

（3）设置"亮度"的值为5.0，"对比度"的值为120，如图5-79所示，对比调整前后的影片如图5-80所示。

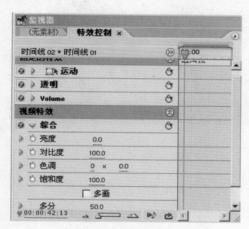

图5-78　展开参数

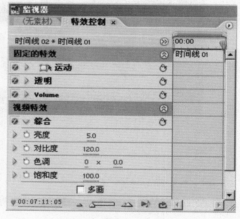

图5-79　设置参数

图5-80　调整前后影片对比

2. 饱和度

饱和度低的影像，会显得灰暗、平静、伤感；而饱和度高的影像，会显得鲜明、明快、富有朝气。"综合"特效同时可以调整影片的饱和度。

设置"饱和度"的值为130，如图5-81所示，在监视器窗口中可以看到素材的饱和度发生了变化，如图5-82所示。

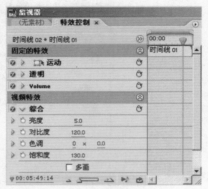

图5-81　设置参数

图5-82　调整前后影片对比

3. 锐化

由于手机电影的特点是要轮廓分明才能在手机上比较清楚地显示影片细节，所以针对手机电影的后期制作，要让完成后的影片更清晰地在手机上显示出来。

（1）在"特效"选项卡中找到"视频特效"→Blur&Sharpen（模糊与锐化）→"锐化"特效，用鼠标左键拖拽到"效果控制"选项卡中，如图5-83所示。

图5-83　加入"锐化"特效

（2）将"锐化"的值设置为30，如图5-84所示，这时影片的色彩调节已经完成了。图5-85所示是原始影片与调整完成后影片的同帧对比。

图5-84 设置参数

图5-85 调整前后影片对比

将项目窗口中的"背景音乐.wav"铺入到"音频2"轨道上，完成本例中对影片所需要做的编辑，如图5-86所示。在"D:\后期制作\第5章\最终影片"文件夹中可以看到完整版的"咖啡女孩.mpg"。

图5-86 完成影片编辑

本章小结

本章主要是使用Trim功能对所需素材进行精剪，然后在片中加入了转场特技，为了进一步增加效果，又制作了速度特技。在增加画面感染力方面，制作了画中画效果和设计字幕动画效果，调整了影片色彩的功能。

自测题

一、单选题

1. Trim 面板可以同时对（   ）个视频轨道的素材进行精剪。

    A．1　　　　　　　　　　　B．2

    C．3　　　　　　　　　　　D．4

2. "滚动编辑"调整的是两段素材的（   ）。

    A．只能调整两段素材的入点

    B．只能调整两段素材的出点

    C．前一段素材的出点和后一段素材的入点

    D．不可以调整素材的入点和出点

二、多选题

1. 下面对于 Premiere Pro1.5 中"速度调节"功能的描述，不正确的是（   ）。

    A．速度调节功能只能调整素材播放的快慢速度

    B．速度调节功能只能让素材慢速播放

    C．速度调节功能只能让素材快速播放

    D．速度调节功能可以让视频反向播放

2. "粘贴属性"命令可以将（   ）属性粘贴到目标素材上。

    A．位置　　　　　　　　　　B．不透明度

    C．特效　　　　　　　　　　D．原素材的入出点时码

三、填空题

1. Premiere Pro 1.5 中使用 _____ 特效可以减轻画面抖动。

2. 在"特效控制"选项卡中的效果除了 _____ 以外都可以设置关键帧动画，关键帧动画是由两个不同的时间点素材的属性或特效参数数值的 _____ 制作出来的。

四、判断题

1. 单击"转到下一个编辑点"按钮，将转向编辑其他的视频轨道的内容。　　　　　　　　（   ）

2. 将"素材调节"中的"播放速度"设置在100%以上对素材进行快放处理；设置在100%以下为慢放处理。　　　　　　　　（   ）

课后作业

1. 尝试除"透明度"以外其他几种关键帧动画的操作方法，并为特效设置关键帧。

2. 分析"咖啡女孩"成片中其他特效的制作方法。

第6章　音频特效制作

本章主要内容：

- 常用音频效果制作
- 音频编辑软件 Nuendo 的简单使用
- 常见音频格式相互之间的转换

本章重点：

- 混响效果器的使用
- 均衡效果器的使用

本章难点：

- 混响效果器的使用
- 均衡效果器的使用

学习目标：

- 学会常见音频格式相互之间的转换
- 学会如何为影片添加对白和讲解
- 掌握常用音频特效制作技巧

声音是影视作品中重要的组成部分,通过录音师和音频编辑师的创造性工作,为影片录制对白和讲解,同时通过一定的音频特效制作技术,使影视作品达到更高的艺术境界。随着网络事业的飞速发展和观众欣赏品味的日益提高,观众希望视频工作者提供制作更加精良、内容更加丰富的视频,尤其伴随着数字化音频技术的日新月异,能够完全做到利用高科技手段制作一些设想的声音效果,以增强影视作品的感染力。

本章除了介绍音频编辑软件 Nuendo 的简单操作,还将着重介绍录音、降噪、添加混响和均衡效果器的使用等几种常见声音编辑手段,并通过音频特效制作实例来加强对这些技巧的掌握。

6.1　音频编辑软件和插件简介

这里选用的音频编辑软件是 Steinberg 公司的 Nuendo 3,这是一个音频编辑和 MIDI 制作的软件,熟练地掌握这个工具,会给音频编辑、特效制作和音乐创作方面带来无限的灵感。

本章选用的插件也是声音工作者在音频创作的过程中经常要用到的: Ultrafunk fx的套件和WAVE套件。为什么称它们为套件呢? 这是因为每个套件中包括若干个插件,每个插件都是一个或者一组软件效果器,套件扩展了软件的功能,使其更加易用和强大。

首先来熟悉一下 Nuendo 的界面,如图 6-1 所示。

图 6-1　Nuendo 的界面

最左侧是 Inspector(参数设置)区域,提供了有关轨的参数设置。

中间是"轨"的区域,列出了不同类型的轨道。

右侧的面积最大,是"编辑区域",可对 Nuendo 中的音频文件和 MIDI 文件进行编辑操作。

上面的浮动面板是视频的播放窗口,以便于进行声画对位。

播放和停止的快捷键是空格键,录音的快捷键是小键盘中的"*"键,小键盘中的"+"和"-"键可以控制快进和倒退。

6.2 为影视作品添加语音

6.2.1 录音

1. 系统设置

（1）麦克风通过一个大转小的插头插入到计算机上标有"MIC"字样或者是画着一个麦克风形状的图标的接口上。

（2）双击右下角的小喇叭图标，弹出"音量控制"窗口，如图6-2所示。

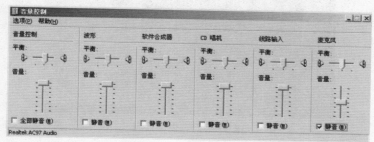

图6-2 "音量控制"窗口

（3）单击"选项"→"属性"命令，如图6-3所示。

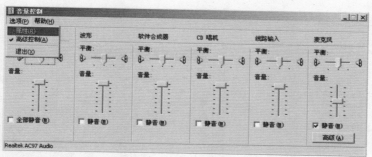

图6-3 选择"属性"命令

（4）弹出"属性"对话框，如图6-4所示。

（5）勾选"麦克风"复选项后，单击"确定"按钮，回到"录音控制"窗口，如图6-5所示。

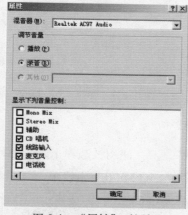

图6-4 "属性"对话框

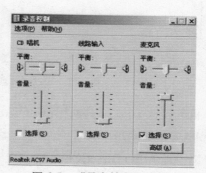

图6-5 "录音控制"窗口

（6）在麦克风的选项区域中，勾选"选择"复选项，把音量调到适中（在不爆音的情况下把声音尽可能调大一些），就可以关闭录音控制窗口。

2. 软件设置

（1）打开 Nuendo，单击 Devices（设备）→ Device Setup（设备设置）命令，如图6-6所示。

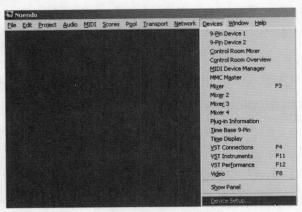

图6-6　打开设备设置

（2）单击 Master ASIO Dirver（主ASIO驱动），弹出下拉菜单，如图6-7所示。ASIO是 Audio Stream Input Output 的缩写，可以解释为音频流输入输出接口。

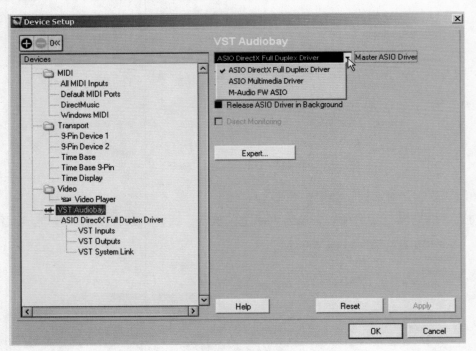

图6-7　选择主ASIO驱动

根据计算机的硬件不同，每台计算机的这一项都会不同。在使用板载声卡时，出现的是第一项 ASIO Full Duplex Driver（DirectX 完全加速驱动）和第二项 ASIO Multimedia Driver（声卡基础驱动）。

（3）选择第二项 ASIO DirectX Full Duplex Driver 后单击 OK 按钮，完成声卡的软件设置。

（4）按 Ctrl+N 快捷键建立新的模板，在弹出的对话框中选择 Empty（空白），如图 6-8 所示。

图6-8 建立新的模板

（5）单击 OK 按钮，选择完存储位置后出现 Project（项目）窗口，如图6-9所示。

图6-9 Project（项目）窗口

6.2.2 导入视频文件

（1）单击 File（文件）→ Import（导入）→ Video File（视频文件）命令（如图6-10所示），弹出 Import Video（导入素材）对话框，如图6-11所示。

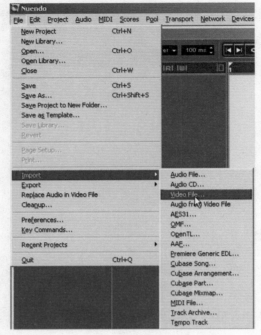

图 6-10　导入视频文件

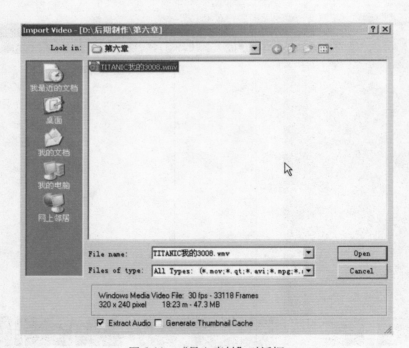

图 6-11　"导入素材"对话框

（2）在弹出的对话框中选择要导入的视频文件，再勾选 Extract Audio（导入音频）复选项，这样可以在导入视频的同时导入音频。单击 OK 按钮完成导入，如图 6-12 所示。

注意　F8 键是 Nuendo 中弹出和关闭视频窗口的快捷键。

这样视频文件就被导入了，同期声也同时导入了。

图6-12 导入素材

6.2.3 建立录音用的空白音频轨

（1）单击 Project（项目）→ Add Track（添加轨道）→ Audio（音频）命令（如图 6-13 所示），弹出 Add Audio Track（增加音轨）对话框，如图 6-14 所示。

图6-13 添加音频轨道

图6-14 Add Audio Track对话框

（2）单击 Configuration（配置）左侧的三角按钮，弹出下拉菜单，如图 6-15 所示。

（3）在其中选择 Mono（单声道），如图 6-16 所示。

图 6-15　Configuration 菜单　　　　　　　图 6-16　选择 Mono

（4）单击 OK 按钮，音频轨就建好了，如图 6-17 所示。

图 6-17　建立音频轨道

（5）在需要录音的时候单击音轨上的"激活录音"按钮（红黑点），使它变成录音轨，如图 6-18 所示。

图 6-18　转变录音轨道

注意 在中间区域和左边音频参数设置区域都有小红点，在音轨高亮的情况下，它们的功能是一致的。

6.2.4 录音与保存

（1）单击上方走带控制区域的"录音"键（红白按钮，鼠标指示位置）就开始录音了，如图6-19所示。录音的快捷键是小键盘上的"*"键。

图6-19 开始录音

录音完成后按空格键，录音停止，完成解说或者对白的录音。

（2）单击File（文件）→Save（保存）命令保存录音文件（快捷键是Ctrl+S），如图6-20所示，弹出保存对话框，如图6-21所示。

图6-20 保存录音文件命令

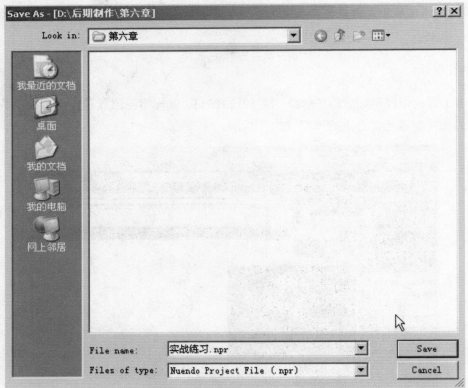

图6-21　选择保存目录对话框

（3）在 File name（文件名）组合框中输入"实战练习"，然后单击 Save 按钮保存录音的项目文件。

6.3　为录制的语音添加混响效果

之所以要使用混响效果器而不使用录音时的自然混响，是因为自然混响录制下来以后无法去除，不利于进行后期的其他效果制作。所以录音要的是"干声"（无效果的声音）而不是"湿声"（有效果的声音）。

还有一个原因：自然混响很难完全符合影片的要求。例如，补录一些对白，现在已经没有办法再回到当初录音的地方补录，就可以根据当时的环境模拟出一个声场，以满足影片要求。

6.3.1　插入音频混响效果器

（1）在左边的设置区域单击 Inserts（插入效果），展开 Inserts 设置栏，如图6-22所示。

（2）左侧栏中的 i1～i8 是插入音频效果器的位置，以 i1 栏为例，在 i1 栏中单击，弹出软件效果器列表，如图6-23所示。

（3）选择 Ultrafunk fx reverb，弹出效果器窗口，这是一个房间模拟效果器，如图6-24所示。这个房间混响效果器带了一些预置效果，在做效果的时候，可以单击 Presets（预设置）按钮来添加预置里的效果，如图6-25所示。

图 6-22　展开 Inserts 设置栏

图 6-23　显示软件效果器列表

图6-24　Ultrafunk fx reverb效果器

图6-25　添加预置效果

（4）选择载入 Massive Synth Hall，如图 6-26 所示。

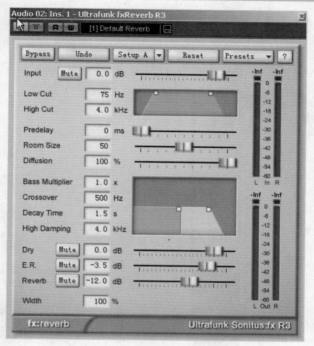

图 6-26　载入 Massive Synth Hall

添加混响完成，按空格键即可试听。

6.3.2　去除效果

如果对加入的效果器不满意，可以将效果器暂时关闭或者去除。

1．关闭效果器的方法

单击 i1 栏上的开关图标，如图 6-27 所示。

关闭后，效果器依然存在于列表中，只是不起作用了，根据需要可以随时用单击开关把它打开，如图 6-28 所示。

图 6-27　关闭效果器

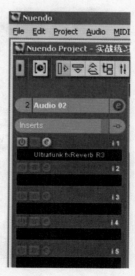

图 6-28　打开效果器

2．去除效果器的方法

（1）在载入效果器的栏（图中是 i1 栏）中单击，弹出效果器列表，如图 6-29 所示。

（2）选择 No Effect（去除效果）选项即可把加入的效果器去除，如图 6-30 所示。

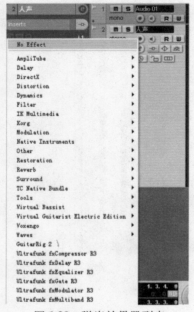

图 6-29　弹出效果器列表

图 6-30　去除效果

6.3.3　Delay（延时）效果

Delay（延时）效果是一个在影视作品中常用的效果。

下面以 Ultrafunk fx 的 Fx delay 效果器为例，介绍一下做回声的效果的过程。

（1）关闭 i1 栏的混响效果器，在 i2 栏中用载入混响效果器的方法载入 Ultrafunk fx 的 Fx delay 效果器，如图 6-31 所示。

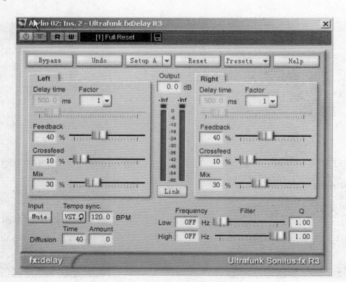

图 6-31　载入 Fx delay 效果器

其中的预置效果 Sonitus:fx → 2x Delay 经常用来完成听起来像是山谷中的回音的效果模拟。

（2）单击 Presets → Sonitus:fx → 2x Delay 选项，加载此预置效果，如图 6-32 所示。

延时效果也添加完成了，按空格键即可试听。在工作的过程中一定要养成随时保存的好习惯。按快捷键 Ctrl+S，原先保存的"实战练习.npr"文件就被自动更新了。

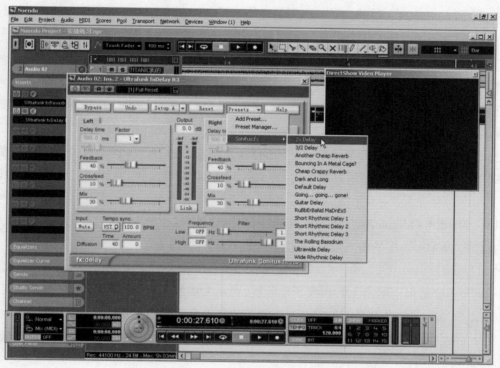

图 6-32　加载 2x Delay 效果

6.4　为影视作品添加音频素材

6.4.1　常见的音频格式

网络上的音频文件格式的主流是 MP3 文件，另外还有许许多多的其他格式，每种格式都有自己的优缺点，在这样的情况下，究竟哪种音频格式适合自己使用呢？有必要先做一个比较全面的了解。

先给大家介绍一下常见的音频文件格式及其特点。

1. CD 格式

CD 音频格式可谓是当今世界上音质最好的音频格式。在大多数播放软件的"打开文件类型"中都可以看到 CDA 格式，这就是 CD 音轨了。CD 光盘可以在 CD 唱机中播放，也能用计算机里的各种播放软件来播放。一个 CD 音频文件是一个 *.cda 文件，这只是一个索引信息，并不是真正地包含声音信息，所以不论 CD 音乐长短，在计算机上看到的 *.CDA 文件都是 44 字节长。

2. WAV

WAV是微软公司开发的一种声音文件格式，用于保存Windows平台的音频信息资源，被Windows平台及其应用程序所支持，是目前PC机上广为流行的声音文件格式，几乎所有的音频编辑软件都支持WAV格式。

3．MP3

MP3格式诞生于20世纪80年代的德国。MP3音频文件的压缩是一种有损压缩，MP3音频编码具有10:1～12:1的高压缩率，同时基本保持低音频部分不失真，但是牺牲了声音文件中12kHz～16kHz高音频部分的质量来换取文件的尺寸，相同长度的音乐文件，用*.MP3格式来存储，一般只有WAV格式的1/10，而音质要次于CD格式或WAV格式的声音文件。由于其文件尺寸小、音质好，所以在网络上广为流行。

4．MIDI

对创作音乐有兴趣的人应该常听到MIDI（Musical Instrument Digital Interface）（乐器数码接口）这个合成词，MIDI允许数字合成器和其他设备交换数据。MID文件格式由MIDI继承而来。MIDI文件并不是一段录制好的声音，而是记录声音的信息，然后再告诉音源如何再现音乐的一组指令。这样一个MIDI文件每存1分钟的音乐只用大约5～10KB。MID文件播放的效果完全依赖音源的档次。

5．WMA

WMA（Windows Media Audio）格式来自于微软，是以减少数据流量的方法来达到比MP3压缩率更高的目的，WMA的压缩率一般可以达到1:18左右。

6．RealAudio

RealAudio主要适用于网络上的在线音乐欣赏，现在大多数用户仍然在使用56Kbit/s或更低速率的Modem，所以典型的回放并非最好的音质。有的下载站点会提示根据Modem速率选择最佳的Real文件。Real文件的特点是可以随网络带宽的不同而改变声音的质量，在保证大多数人听到流畅声音的前提下，令带宽较富裕的听众获得较好的音质。

6.4.2　音频格式转换

在常用的音频编辑软件和声画剪辑合成类软件中，对于能够导入的音频格式有着或多或少的区别。在上一节介绍的常见音频格式中，能够被这些软件认可的音频格式就是WAV音频文件。

WAV格式的音频来源无非有3种：第一种是从CD、DVD、VCD中抓取；第二种是从其他一些多媒体声音文件或者含有声音文件的视频文件中提取；第三种就是前面提到的录音。

本节先介绍CD文件的抓取和一些常见音频文件的转换。

1．CD格式的抓取

WAV格式作为无损压缩格式，可以说是转换到其他格式的一个基本途径。通过专门的抓轨软件，将音频以WAV格式保存下来。实现这个目的的软件有很多，以播放器JetAudio为例来说明。这是一个来自于韩国的播放器，功能比较强大，除了抓取CD外，还是一个WAV、WMA、MP3等一些常用的音频格式的转换软件，如图6-33所示。

单击左上角的RIP CD按钮，弹出"抓取"界面，如图6-34所示。

在"输出格式"下拉列表框中，最好选择WAV，因为基本上所有的音频格式都是以它为基础的，如果有其他需要，建议先抓取为WAV格式，然后再转换为想要的音频格式，这是基于CD抓取的成功率和音质来考虑的。

图 6-33　JetAudio 界面

图 6-34　"抓取"界面

在"抓取"界面中勾选想要抓取的曲目，单击"开始"按钮，根据选择曲目的多少，抓取完成后弹出如图6-35所示的对话框，询问是将刚才抓取的CD曲目添加到以前建立的专辑里还是建立一张新的专辑，可以单击"取消"按钮，然后关闭抓取CD的界面，这样就可以在选择的输出文件夹下看到后缀为WAV的曲目了。

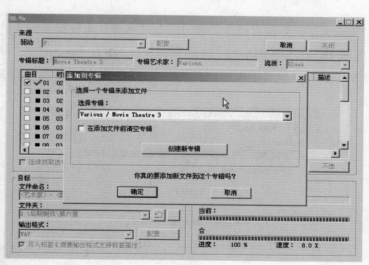

图 6-35　抓取音轨

2. 常用音频文件的转换

完成了 CD 抓取后，由于 WAV 文件太大，一首歌可能需要占用 40MB 的硬盘空间甚至更多，有时需要将其转换成 MP3 或 WMA 的格式，使用的工具还是 JetAudio 播放器，如图 6-36 所示。

图 6-36　JetAudio 播放器

在主界面中单击 CONVERSION（转换）按钮，弹出"转换"界面，如图 6-37 所示。

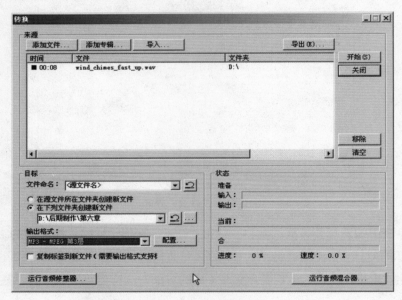

图 6-37　"转换"界面

可以直接拖拉文件或文件夹到曲目栏中，也可以在"来源"里选择要导入的文件。

然后在"目标"区域中选择准备输出的文件名和存储目录，在"输出格式"下拉列表框中选择想要转换的格式，例如 MP3。转换完成后弹出"添加到专辑"对话框，如图 6-38 所示。

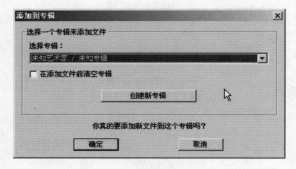

图 6-38　"添加到专辑"对话框

　　询问是将刚才转换的曲目添加到以前建立的专辑里还是建立一张新的专辑，可以单击"取消"按钮，然后关闭转换的界面，这样就可以在选择的输出文件夹下看到后缀为MP3的曲目了。

　　在JetAudio播放器中支持很多种音频格式的转换，其中也包括WMA格式的音频文件，过程与WAV转换成MP3一样，只是在输出格式中选择WMA即可，如图6-39所示。

3．RM格式音频文件的转换

　　除了上面提到的CD、WAV、MP3、WMA格式文件外，Real公司的RM文件也在被极为广泛地应用着。

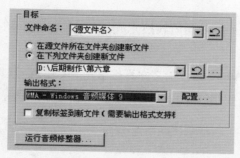

图6-39　选择输出文件格式

　　其实这种转换，最基本的思路也是先转成WAV格式，再转为其他的音频格式。这里使用的是一款比较好用的专门转换RealAudio格式的软件，即Boilsoft RM to MP3 Converter。它使用起来也很简单，安装并启动后的界面如图6-40所示。

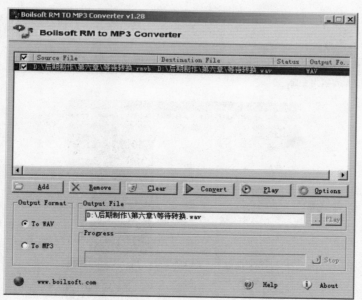

图6-40　Boilsoft RM to MP3 Converter 界面

　　单击Add按钮，选择要导入的文件，也可以直接拖拉文件或文件夹到曲目栏里。

　　然后在Output Format（输出格式）区域中选择To WAV（输出WAV文件）单选项后，单击带有绿三角的Convert（转换）按钮，弹出Real Media Decode Engine（Real转码引擎）对话框，如图6-41所示。

图 6-41　"Real 转码引擎"对话框

　　单击 OK 按钮，转换开始，一定时间后转换完成。这时 RealAudio 的音频文件也就转换成了 WAV 的音频文件。

　　同时这个软件也支持 RealAudio 的音频文件直接转成 MP3 的音频文件，方法同转换 WAV 的方法一样，只是要在 Output Format 中选择 To MP3 单选项，如图 6-42 所示。

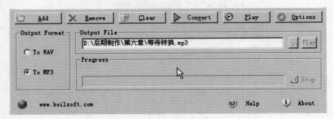

图 6-42　转化为 MP3

6.4.3　导入声音素材

　　（1）单击 File（文件）→ Import（输入）→ Audio File（音频文件）"命令（如图 6-43 所示），弹出导入素材对话框，如图 6-44 所示。

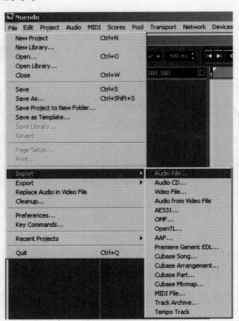

图 6-43　导入音频

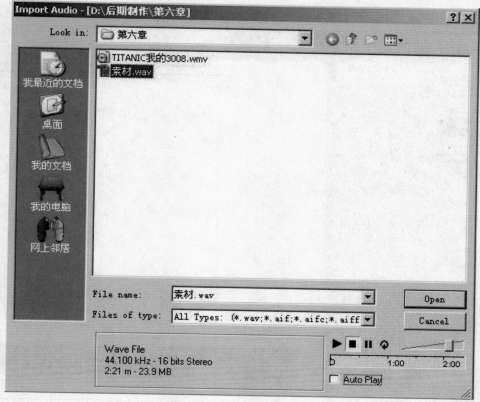

图6-44　导入素材对话框

（2）选择好素材后单击 Open 按钮，弹出 Import Options（素材导入选项）对话框，如图 6-45 所示。

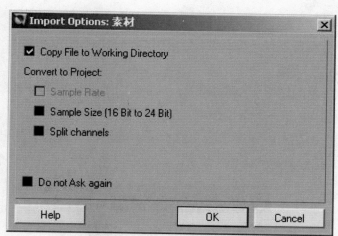

图 6-45　Import Options 对话框

（3）勾选 Copy File to Working Directory（复制文件到工作目录下）复选项，单击 OK 按钮完成，音频素材会自动排列在时间指针之后，如图 6-46 所示。

至此，音频导入完成。

图 6-46　导入音频

6.5　变调调速处理

变调是为了将调得有点高或有点低的伴奏音乐调整到能接受的范围。

1. 给伴奏降 4 个调

拿到一首自己喜欢的歌的伴奏,可是原唱是女声的,如果改成男声的调,就需要把它降 4 个调。因为女声的音调一般是男声的高一个 8 度加 4 度或 3 度。

用加载混响效果器的方法加载 WAVE 公司的 Sound Shifter P 效果器,弹出界面后,在 Semitones(半音程)栏中输入 -4,按回车键确认加入效果,如图 6-47 所示。

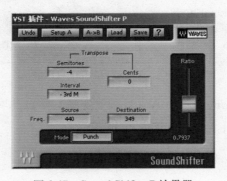

图 6-47　Sound Shifter P 效果器

这时就得到一个低了4度的伴奏。建议改调时不要超过4度，幅度太大会听起来假假的，对声音的质量危害比较大。

现在在这个基础上开拓出了更多的功能，例如，要把男声的声音变成女孩的声音，甚至变成小孩的声音，只需要把原来改变的幅度变大就可以了。

2. 给声音变速

在做声音剪辑的时候，有时为了一种特殊效果需要调整声音的速度，这个效果要用下面的插件来完成。

首先调入WAVE公司的Sound Shifter P Ofline。

这个插件的调入方式是：在选择的文件上右击，弹出如图6-48所示的快捷菜单，在其中选择Plug-ins（插件）。

图6-48　载入插件

选择 Wave → More Plug-ins（更多插件）→ SoundShifter P Offline（如图6-49所示），弹出对话框，如图6-50所示。

注意　这个效果器是Offline（离线）的插件，也就是一个离线编辑的效果器，只能用这种右键的方式载入。

下面的Preview（试听）按钮是Preview和Stop（停止）的切换键，Process（处理）按钮用于处理后生成新音频文件并替换掉原先的文件。

图 6-49　选择 Plug-ins

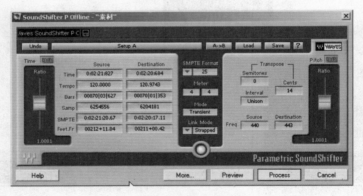

图 6-50　SoundShifter P Offline 界面

　　左边的滑动条可以控制所选择音频文件的速度，右边的滑动条用于控制所选择音频文件的音高。中间部分是控制区，在 Link Mode（链接模式）的下拉菜单中有 4 个选项：Unlinked 是解除关联，Time 是只对时间调整有效，Pitch 是只对调的调整有效，Strapped 是关联时间调整和音调的调整，如图 6-51 所示。

　　在这里选择 Time 模式，一边监听，一边用调整左边滑动条的上下幅度的方法来控制速度的快慢，直到找到需要的效果。

　　调整好以后单击 Process（处理）按钮生成新音频文件。

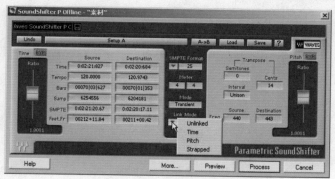

图 6-51　界面介绍

3．录像机快速倒带声音的制作

（1）选中声音文件，单击 Audio（音频）→ Process（处理）→ Reverse（反转）命令，先将音频文件声音反转。反转，就是将声音文件反向播放，如图 6-52 所示。

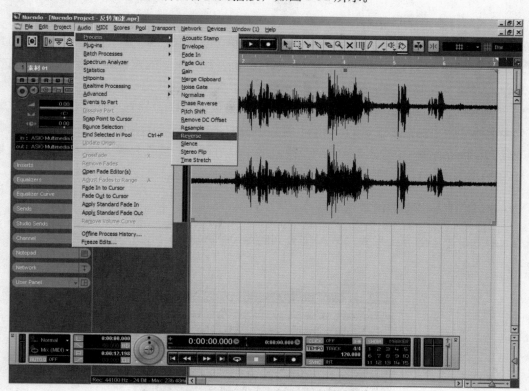

图 6-52　反转声音

（2）用右键的方式调入 Sound Shifter P Offline 变调调速效果器，把 Link Mode 调为 Strapped（关联）模式，如图 6-53 所示。

（3）这时速度和音调设成关联，左右边的滑动条都可以同时控制速度和音调，向上推音调变高，速度变快，单击 Preview 按钮监听，调整到合适的位置后单击 Process 按钮生成录像机快速倒带声音的文件。

（4）完成后保存，退出。

图 6-53　设置为 Strapped 模式

6.6　均衡（EQ）效果器的使用

要使用均衡效果器，首先要明白频率和频点。

频率非常好理解：声音是由物体振动发出的，每秒钟振动的次数就是频率，它的单位是 Hz。

接下来发挥一下想象力，来解释频点。

如果每个钢琴琴键上显示的不是固定音高（如 C、D、E、F、G、A、B），而是从低到高的频率数值的话，演奏一个音，也就是在演奏这个频点。钢琴的低音代表听到的声音的低音，钢琴的高音代表听到的高音。钢琴上的 88 个键，就相当于均衡器的若干个频点。

在对一些声音进行 EQ 处理的时候，所做的工作就是依据这样的一个原理。

要先知道哪些频率是需要改进的，如果不能具体说明是哪个较窄的频率段，至少要知道是哪个较宽的频率段，比如是高频、中频还是中高频。经验多了以后可以把频段分得更细，可能就会直接说明是多少 Hz（频率的单位）了。

6.6.1　WAVE 的 10 段均衡器的简单操作

用载入混响效果器的方式来载入 WAVE 公司的 Q10-Paragraphic EQ（10 段均衡器），其界面如图 6-54 所示。

图 6-54　10 段均衡器的界面

它的10个频段的每个频段都有如图6-55所示的几种模式。

图6-55 均衡类型

可以调整每个频段的On/Off（开/关）、Type（模式）、Gain（增益）、Freq（频率点）、Q（频带宽度）。

可以单击1～10按钮来打开或者取消一个或几个频段。在取消后，相应的黄色数字标记也会变成灰色并失去功能。

Q值用于设置曲线的外形与宽度，如果数值较低，会给过滤波段一个更宽的频带。调整方式是：点中Q框后上下移动来增加或减少它的值。

每一次调整都会看到曲线的实时变化。

在调节之前，首先要确定要调整的具体的频率位置，也就是频点。大多数的EQ效果器是用多个频段来显示的，比如10Band的，每个Band也就是相应的频点。可以根据自己对频率的掌握情况来选择使用不同Band频段的EQ效果器。

如果不能精确地确定在哪一个频率点上，也可以确定一个大致位置，这个大致位置叫频宽，在一些效果器软件上标着Q的就是。然后要确定调整数值，比如增加多少或者减少多少，这个值用dB（分贝）表示。

如果对已经做的EQ处理不满意，还可以把目前已处理的结果推翻，单击Flat按钮所有的调整全部归零。

6.6.2 制作电话声

接下来讲一个例子，就是有一段念白或者清唱，要把它做成从电话里传出来的效果，这就需要用EQ来调整了。

（1）在Inserts栏载入WAVE Q10 EQ效果器，单击Load（载入）按钮，如图6-56所示。

（2）在下拉菜单中选择预置效果Telephone（电话），预置效果中是切除400Hz以下的声音和2245Hz以上的声音，如图6-57所示。

图 6-56　载入 Telephone 预置效果

图 6-57　Telephone 效果

当然也可以低音从 500Hz 切除，高音从 2000Hz 切除。

6.6.3　一些常用频段的作用

50Hz 是常用的最低频段，这个频段就是强劲的地鼓声的最重要的频段，也是能够让人为之起舞的频段。通过对它进行适当的提升，将得到令人振奋的地鼓声音。但是，一定要将人声里面所有的

50Hz左右的声音都切掉，因为那一定是喷麦的声音。

70Hz～100Hz，这是获得浑厚有力的BASS的必要频段，同时也是需要将人声切除的频段。记住，BASS和地鼓不要提升相同的频段，否则地鼓会被淹没掉。

200Hz～400Hz，这个频段有如下几个主要用途：第一，这是军鼓的木质感声音频段；第二，这是消除人声脏的感觉的频段；第三，对于吉他，提升这个频段将会使声音变得温暖；第四，对于镲和打击乐器，衰减这个频段可以增加它们的清脆感。其中，在250Hz这个频点，对地鼓作适当的增益，可以使地鼓听起来不那么沉重，很多轻流行音乐中都这样使用。

400Hz～800Hz，调整这个频段，可以获得更加清晰的BASS，并且可以使通鼓变得更加温暖。另外，通过增益或衰减这个频段内的某些频点，可以调整吉他音色的薄厚程度。

800Hz～1kHz，这个频段可以用来调整人声的"结实"程度，或者用于增强地鼓的敲击感，比较适用于舞曲的地鼓。

1kHz～3kHz，这个频段是一个"坚硬"的频段。其中，1.5kHz～2.5kHz的提升可以增加吉他或BASS的"锋利"的感觉；在2kHz～3kHz略做衰减，将会使人声变得更加平滑、流畅，否则有些人的声音听起来唱歌像打架，可以利用这样的处理来平息演唱者的怒气！反过来，在这个频段进行提升也会增加人声或者钢琴的锋利程度。总的来说，这个频段通常被称为噪声频段，太多的话会使整个音乐乱成一团，但在某种乐器上适当地使用则会使这种乐器脱颖而出。

3kHz～6kHz，声音在3kHz的时候，还是坚硬的。至于6kHz，提升这个频点可以提升人声的清晰度或者让吉他的声音更华丽。

6kHz～10kHz，这个频段可以增加声音的"甜美"感觉，并且增加声音的空气感、呼吸感，还可增加吉他的清脆声音（但要注意，一定不要过量使用）。打击乐器、军鼓和大镲都可以在这个频段里得到声音的美化。并且，弦乐和某些合成器的综合音色，可以在这个频段得到声音的"刀刃"的感觉（实在不知道该怎么形容这样的声音）。

10kHz～16kHz，提升这个频段会使人声更加华丽，并且能够提升大镲和打击乐器的最尖的那个部分。但是，需要注意的是，一定要首先确认这个频段内是有声音存在的，否则所增加的肯定是噪声。

6.7　直流偏移的纠正

6.7.1　直流偏移的危害

从VCD中抓取音频文件、用非专业的话筒或声卡录音，以及一些其他情况，得到的音频文件偶尔会带有直流偏移（DC OffSet）。

播放含有直流偏移的音频文件，轻则容易引起播放器死机，重则会烧坏听音设备（功放、音箱、耳机），因为有的功放或者前级没有使用隔直耦合电容（这个电容对音质有影响），这个直流信号会被放大。当然大部分功放都有这个电容，至少在输入级有一个。

必须要纠正直流偏移，使它的信号中心线归零。

6.7.2　检查文件是否附带有直流偏移

导入声音后，一定要检查一下音频文件是否带有直流偏移。

选中文件后，单击 Audio → Statistics（统计表）命令（如图 6-58 所示），打开 Statistics（统计表）窗口，如图 6-59 所示。

可以在其中清楚地看到，在 DC OffSet 这一项中，Left（左声道）有 0.20% 的直流偏移，Right（右声道）有 0.13% 的直流偏移。

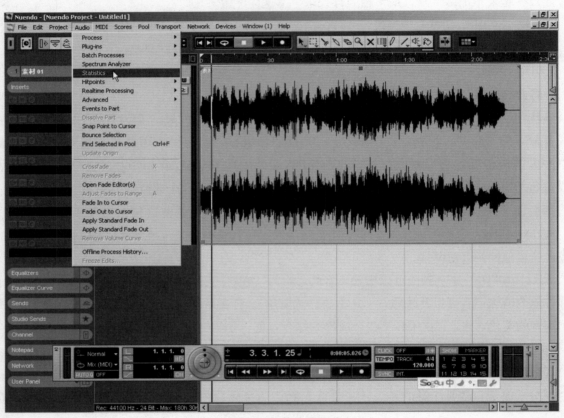

图 6-58　检查直流偏移

图 6-59　Statistics（统计表）窗口

6.7.3　纠正直流偏移

选中上例中带有直流偏移的音频文件，然后单击 Audio → Process → Remove DC Offset（去除直流偏移）命令，如图 6-60 所示。

有些音频文件含有的直流偏移并不是一个固定的值，而是渐变的，那么上述的办法可能不能完整地去除直流偏移。

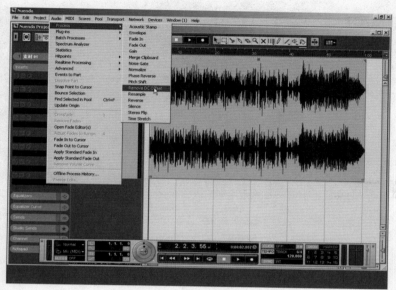

图 6-60　选择 Remove DC Offset

还可以用右键载入 WAVE 公司的均衡效果器，用离线处理的方法把 31Hz 以下的声音切掉，方法如下：

（1）在音频素材上右击载入 WAVE 公司的 Q1-Paragraphic EQ（Q1 均衡效果器），如图 6-61 所示。

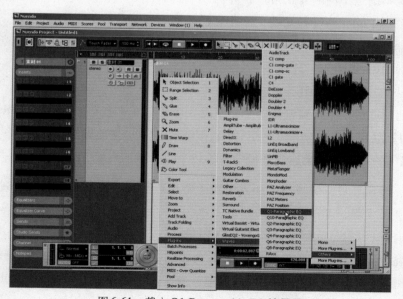

图 6-61　载入 Q1-Paragraphic EQ 效果器

（2）激活按钮[1]，把Type调成"低切"模式，Freq（频点）的值是31Hz，单击Process按钮完成直流偏移的纠正，如图6-62所示。

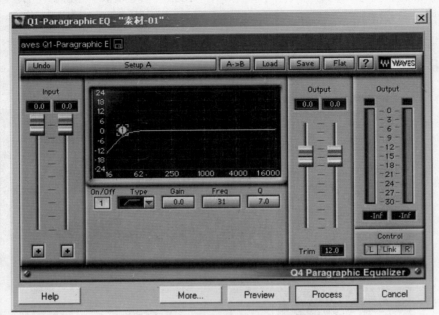

图6-62　纠正直流偏移

6.8　降噪

这里说的噪音，泛指在音频录制的过程中一切不应该存在的声音，如录音时的环境噪音、设备本身的电流声、外界的干扰声、喷麦声、唇齿音、爆音、咔嗒声、噼啪声、模拟设备转为数字音频后的底噪、其他各类说不清道不明的非正常声音等。

通常不对同期声中的噪声进行处理，除非它已经影响到演员的正常发挥。

例如，用DV录制了一段录像，但是天公不作美，风声干扰了演员的对白的清晰度，就要对风声进行降噪来提高对白的清晰度。

用滤波降噪法为它降噪，操作方法如下：

（1）要明确地知道音乐中的噪音在哪个频率段，风声的频率比较宽，大概是30Hz～10kHz，主要频点在50Hz～5kHz之间，而语音的频宽在90Hz～10kHz之间，主要频点在100Hz～4kHz之间，也就是说，把90Hz以下的声音切除来达到降低噪音的效果。

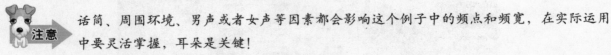

话筒、周围环境、男声或者女声等因素都会影响这个例子中的频点和频宽，在实际运用中要灵活掌握，耳朵是关键！

（2）导入噪音素材到Nuendo中，如图6-63所示。

（3）用载入混响效果器的方式来载入WAVE公司的10段均衡器，如图6-64所示。

（4）激活按钮[1]，把Type调成Hi Pass（高通）模式，Freq（频点）的值是220Hz，激活按钮[4]，把Type调成Band Pass（波段通过）模式，Gain的值是-18dB，Freq的值是124Hz，如图6-65所示。

图6-63　导入噪音素材

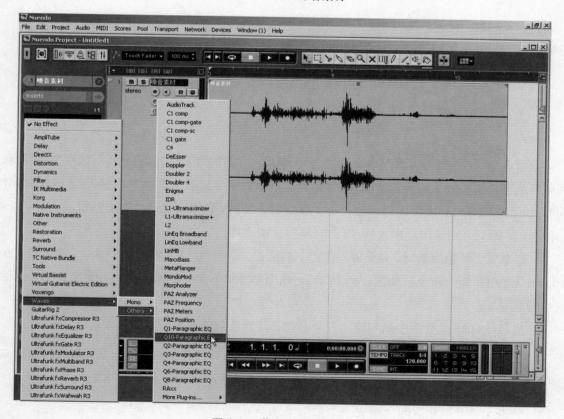

图6-64　载入10段均衡器

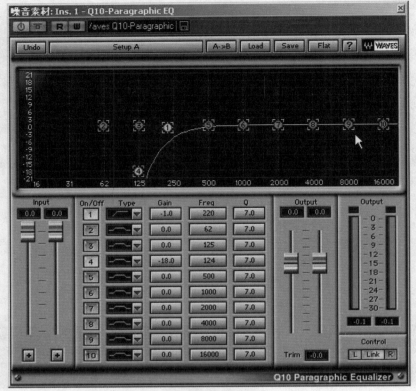

图 6-65   设置参数

优点：可以有效地减弱噪音。

缺点：对声音中相同的频率有影响。

6.9   输出音频文件

一般情况下，最好导出后缀为 WAV 的文件，因为它是几乎所有的编辑软件，包括音频编辑软件和视频合成软件都能导入的音频编辑格式，虽然这些软件也可以导入其他音频格式的文件（如 MP3 后缀的），但是它们导入到软件内部后会自动生成后缀为 WAV 的音频文件，供编辑用。

因此，本例只介绍导出后缀为 WAV 的音频格式的文件。

（1）选中需要导出的素材，按 P 键，选定左右位置，单击 File（文件）→ Export（输出）→ Audio Mixdown（导出音频）命令（如图 6-66 所示），弹出 Export Audio Mixdown in（导出音频）对话框，如图 6-67 所示。

（2）在 File name 组合框中输入输出音频名称，其他选项按图中所示设置即可。

注意 图中的 Outputs 选项会根据不同计算机的输出端口（包括物理输出端口和虚拟输出端口）不同而名称不同。只要选取带有现在计算机声卡名字的输出端口即可。

（3）单击 SAVE 按钮，即会生成一个后缀名为 WAV 并设置了音频起始位置的音频文件。

图 6-66 导出音频

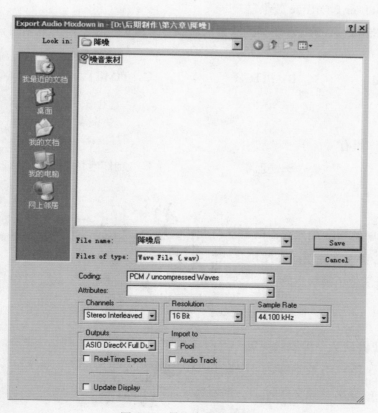

图 6-67 导出音频对话框

本章小结

本章主要讲解了影视作品中的常用音频特效处理，包括录制语音、为录制的语音添加混响和延时效果、对声音进行变调调速处理、降噪、均衡器的使用、纠正直流偏移、常用音频文件的格式转换，以及使用音频编辑软件 Nuendo 3.2 建立项目文件和音频素材文件的导入导出。建立项目文件和进行音频效果处理是在音频编辑的过程中经常用到的技能，一定要熟练掌握。本章还涉及到视频文件和同期声的导入，对于 Nuendo 支持的其他类型的视频及音频素材，导入方法也是一样的，学习的时候应举一反三。

本章对于每一个音频特效处理只做最常用、最重要的讲解，如果有兴趣进行更深入细致的了解，可以查阅相关书籍。

自测题

一、单选题

1．使用 Off Line（离线式）编辑的音频效果器是 _____。

　　A．Ultrafunk Fx Reverb 效果器

　　B．Ultrafunk Fx Delay 效果器

　　C．Sound Shifter P Offline 效果器

2．使用 SoundShifter P Offline 变调调速效果器制作录像机倒带声音的效果时，需要把 Link Mode 调为 _____ 模式

　　A．Strapped　　　　　　B．PITCH　　　　　　C．TIME

二、多选题

均衡效果器的作用有（　　）。

　　A．降噪　　　　　　　　B．变调　　　　　　　　C．制作电话声

三、填空题

1．在 Nuendo 中使用音频效果器的方法有两种，即 _____ 式和 _____ 式。

2．为录制的语音添加混响而不使用自然混响是因为 _____。

3．录音的快捷键是小键盘上的 _____ 键，_____ 和 _____ 键可以控制快进和倒带。

四、判断题

1．直流偏移现象只是一种偶然现象，可以不用管它。　　　　　　　　　　　　　（　　）

2．Ultrafunk Fx Reverb 效果器，可以在 Inserts 栏中插入使用。　　　　　　　（　　）

3．在 Nuendo 中导出音频文件时，一定要选定左右范围。　　　　　　　　　　　（　　）

课后作业

1. 抓取一张 CD，并转换为 MP3 格式。
2. 自己录制一段声音，并添加混响后导出为 WAV 格式。
3. 在 Nuendo 中导入一段音乐，制作成电话声，并导出为 WAV 格式。

第 7 章　输出成片

本章主要内容：

- 输出到磁带的操作方法
- 用 Adobe Media Encoder 分格式输出影片

本章重点：

- 掌握输出到磁带操作的方式
- 分格式输出影片

本章难点：

- 输出到磁带
- 分格式输出影片

学习目标：

- 根据用途采用不同方式输出影片

视频输出之所以安排一章来讲,是因为随着网络流媒体的兴起与繁荣,单纯的视频制作已经满足不了实际应用的需要。如何使视频文件更小、更适合在网络上传播;如何实现视频的在线观看;如何重新对影片编码,使其可以在手机上播放,这些都是输出可以解决的问题。通过本章的学习,大家会对 Premiere 的视频输出功能有一个比较清楚的认识。

7.1 输出到磁带

输出到磁带是将硬盘上的视频文件数据转化为磁带记录的方式。一般来说一小时左右的影片默认输出需要十几吉字节,如果输出到磁带的话可以节省很多硬盘空间。而且输出到磁带的时候不对影片进行任何的压缩处理,保证画面的清晰性,同时也避免了视频文件在演示的时候找不到解码器的尴尬局面。

输出应该在磁带开头的位置先录入一段彩条和黑场,对于电视台播出带来说,前面要求有1分钟的彩条、30秒的黑场,节目是从1分30秒开始。如果不是电视台要求的播出带,前面录30秒的黑场就可以了。在影片的末尾也要录入一段30秒左右的黑场。

7.1.1 输出准备

将计算机与 DV 机相连接,具体连接方式参见第1章的视频采集部分。

7.1.2 输出设置

(1) 设置输出影片范围,将影片范围条的出点位置拖拽到影片后30秒左右,如图7-1所示。

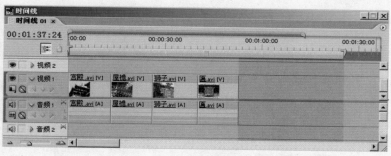

图7-1 设置影片范围

(2) 将时间指示标拖到时间线上的空白部分(无素材部分),按下 DV 摄像机的录制按钮,录制30秒的黑场。

(3) 单击 File → Export → Export to Tape 命令,打开输出对话框,如图7-2所示。

选中 Assemble at timecode 复选项并设置为00:00:30:00,表示录制影片的起始时间为30秒;选中 Preroll 复选项并设置为125帧,即5秒时间。

(4) 单击 Record 按钮开始录制影片。在 DV 摄像机的监视屏上可以看到正在录制的影像,录制完毕后可以在 DV 的回放模式下观看影片。

如果不要求节目的开始时码精确,也可以边放边录。边放边录不需要打开 Export to Tape 对话框,只要按下 DV 摄像机的录制按钮就可以录入时间指示标所在时码的内容了。

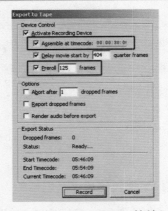

图 7-2　Export to Tape 对话框

7.2　输出视频文件

　　本书主要是针对手机视频和网络视频的制作，所以视频文件输出格式问题是非常重要的一个方面。虽然在前面已经讲解了一些转换格式的问题，但是，在输出的时候就确定格式无疑会更有效率。

　　在第2章中已经讲述了一种简单的输出方法，本例将使用ADOBE媒体编码器对视频进行选择编码格式输出。

　　压缩都会损害影片的质量，但是会降低影片的文件大小。这就要求在压缩的时候可以做到一种平衡：在大幅度降低文件大小的同时还要保证影片的质量。

7.2.1　输出为 WMV 格式

　　（1）单击 File → Export → Adobe Media Encoder 命令，打开 ADOBE 媒体编码器，由于上次输出选择的是 WMV 格式，所以默认输出为 WMV 格式，如图7-3所示。

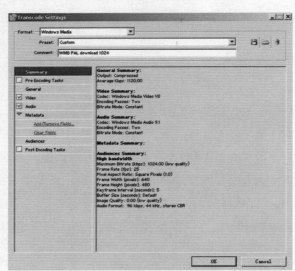

图 7-3　ADOBE 媒体编码器

（2）单击 Preset（预置）下拉表列框，展开 Premiere Pro 1.5 为用户预置的 WMV 压缩编码类型列表，如图 7-4 所示。这个预置列表内容非常丰富，选择的时候应根据视频文件的用途来选择相应的编码方式。选择的时候只要注意制式和后面的码率就可以了。当选择一个比较小的码率的时候，视频文件的尺寸和帧速率也会相应地变小。比如，一个大小为 720×576 的 PAL 制式影片，选择 WMV PAL 64K 的压缩方式，则文件大小会变为 256×192，帧速率也会降低为 12.5fps。

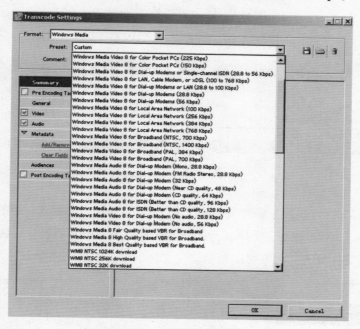

图 7-4　WMV 预设置

（3）单击左侧的 Video（视频）复选项，设置 WMV 的视频输出参数，将 Encoding Passes（编码次数）设置为 One（1 次），可以节省输出时间；Bitrate Mode（码率模式）设置为 Variable Quality（可变品质），会提高视频输出的品质或减小视频文件的大小，如图 7-5 所示。

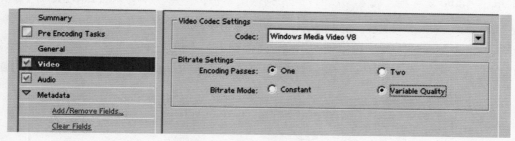

图 7-5　WMV 视频设置

2-pass 方式的原理：先对影片进行一遍扫描，确定影片各部分数据流量等参数，然后再选择合适的采样率进行第二步的输出。

WMV 输出音频的设置与视频设置相同，这里不再赘述。

7.2.2　输出为 MPEG1 与 MPEG2 格式

（1）单击 Format 下拉列表框，在弹出的格式选项中选择 MPEG1，如图 7-6 所示。

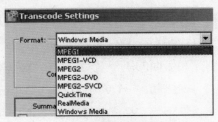

图 7-6　选择 MPEG1

（2）单击 Preset（预设置）下拉列表框，选择 PAL MPEG-1 Generic 格式，如图 7-7 所示。

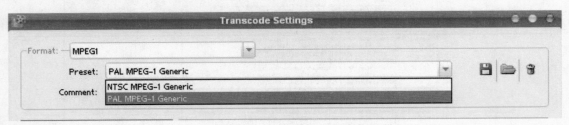

图 7-7　MPEG 预设置

（3）单击左侧的 Video（视频）复选项，设置 MPEG1 的视频输出参数，如图 7-8 所示。在这里只需要注意一下 Quality（品质）参数，将 Quality 的三角滑块向左拖动，则视频质量降低，文件变小；反之则视频质量提高，文件变大。大家可以根据输出文件的用途设置输出品质。

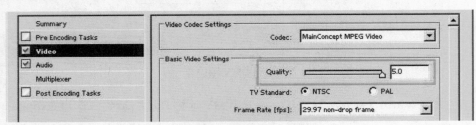

图 7-8　MPEG 视频设置

（4）单击 Audio 复选项，设置 MPEG1 的音频输出参数。在这里主要对 Audio Mode（音频模式）、Frequency（频率）、Bitrate（码率）进行设置，如图 7-9 所示。音频的大小也是影响影片文件大小的重要方面。在设置音频的时候要注意视频的用途，比如输出为手机观看的电影，音频模式选择为 Single Channel Mode（单声道模式），Frequency（频率）选择为 32kHz，Bitrate（码率）选择为 32 即可。

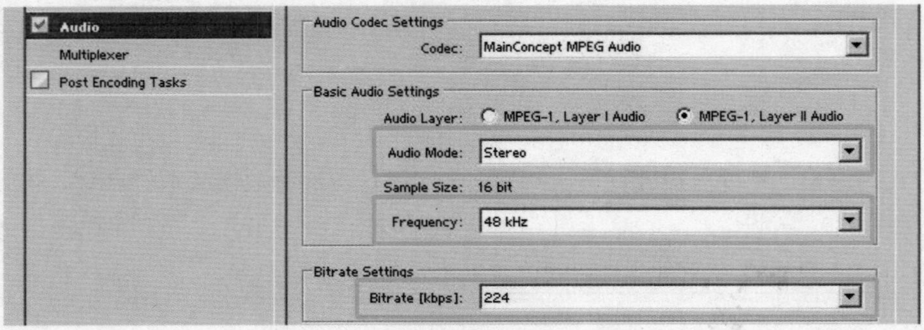

图 7-9　MPEG 音频设置

MPEG2 与 MPEG1 需要设置的参数基本相同，这里不再赘述。

7.2.3 输出为 RM 与 RMVB 格式

这两种格式都是Real公司推出的流媒体格式，RM格式是固定码率的压缩格式，选择这种格式是以预先设定的固定码率来压缩；而RMVB格式是动态采样率，它的采样率不是恒定不变的，画面比较快的时候用比较高的采样率，慢的时候用比较低的采样率。

（1）在 Format 下拉列表框中选择 RealMedia，如图 7-10 所示。

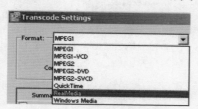

图 7-10　选择 RealMedia

（2）单击 Preset（预置）下拉列表框，展开预置的 RealMedia 压缩编码类型列表，如图 7-11 所示，可以根据不同的需要选择不同的Real压缩方式。RM8的压缩格式为RM，RM9的压缩格式为RMVB。

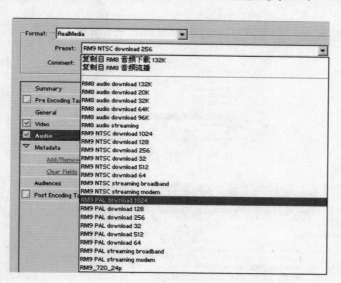

图 7-11　RealMedia 预设置

（3）转到 RealMedia 的设置界面。单击左侧的 General（常规）设置选项，将 Encoding Pass（编码次数）设置为 One（一次），如图 7-12 所示。

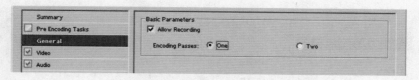

图 7-12　RealMedia 常规设置

（4）单击左侧的 Video（视频）复选项，设置视频输出参数，如图 7-13 所示。首先，将视频内容选择为 Sharpest image Quality（清晰图像质量）；如果用作在手机上观看的视频，可以调整影片的宽度和高度，一般来说，宽度设置为手机显示屏的宽度，高度则同比例减小，以保持画面不失真；调整品质为High Speed（高速度），则输出影片文件小、清晰度差；调整品质为High Quality（高品质），则输出影片文件大，但是清晰度高。不过由于Real公司要求的版权费用太高，大多数手机目前无法播放这两种格式的视频文件。

图 7-13　RealMedia 视频设置

音频设置采用默认的音频设置。

7.2.4　输出为 MOV 格式

MOV 也是一种大家比较熟悉的流式视频格式，需要使用 QuickTime 或者含有 QuickTime 解码器的媒体播放器才能播放。因为属于流媒体格式，对系统硬件要求不高，因此广泛用于网站的视频服务项目上。

（1）在 Format 下拉列表框中选择 QuickTime，如图 7-14 所示。

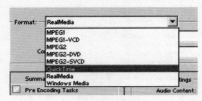

图 7-14　选择 QuickTime

（2）单击 Preset（预置）下拉列表框，选择 23423，如图 7-15 所示。

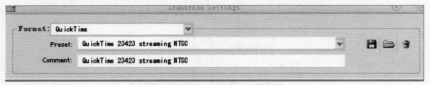

图 7-15　QuickTime 预设置

（3）单击左侧的 General（常规）复选项，设置相应的输出参数，如图 7-16 所示，将 Loop（循环）和 For Streaming Server（用于流播服务器）选中。

图 7-16　QuickTime 常规设置

（4）单击 Video（视频）复选项，设置视频输出参数，如图 7-17 所示。改变 Spatial Quality（空间品质）的数值可以改变输出后文件的清晰度和大小。还可以设置视频的 Frame Rate（帧速率），达到降低视频文件大小的目的，一般来说不要改动，使用影片默认的帧速率。如果输出到手机视频，则根据手机默认的播放帧速率来设置。下面的 Frame Width（帧宽度）和 Frame Hight（帧高度）可以设置视频图像的尺寸。Bit Depth（数位深度）选项中数值越大，视频的颜色表现范围越大。如果选择 8-bit Gray Scale（8 位灰度），则输出的影片会变为黑白影片。

　　单击 Audio（音频）复选项，设置音频输出参数，如图 7-18 所示。这些参数在前面输出 WMV 时都已经讲过，主要还是根据需要设置具体参数。

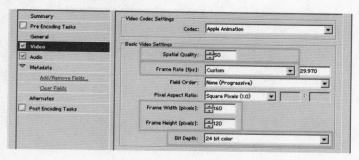

图 7-17　QuickTime 视频设置

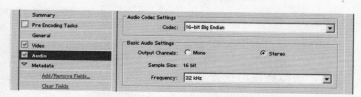

图 7-18　QuickTime 视频设置

7.2.5　输出为 GIF 格式

　　GIF 是支持动画的一种图片格式，在网络上有非常广泛的应用。这种动画格式和传统视频格式相比，具有文件小、易传输的特点，即使是在手机之间传输，速度也是非常快的。通常所说的"彩信"采用的就是这种文件格式。

　　下面讲一下影片输出为 GIF 动画的方法。

　　（1）单击"文件"→"输出"→"影片"命令，弹出"输出影片"对话框，单击"设置"按钮，弹出"输出电影设置"对话框，如图 7-19 所示。

图 7-19　"输出电影设置"对话框

（2）单击"文件类型"下拉列表框，在其中选择 AnimatedGIF（动态 GIF），这时可以看到原本一些可选的选项已经变成灰色的不可选状态，是因为 GIF 图像和视频不同，虽然是动态的，却是一种图片，输出为 GIF 的影片只有视频没有音频，如图 7-20 所示。

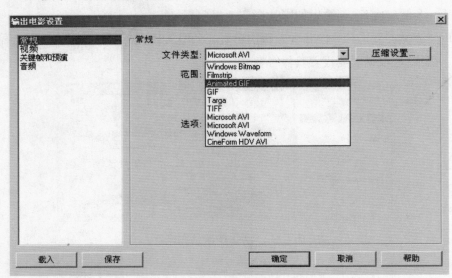

图 7-20　选择 AnimatedGIF 选项

（3）单击"视频"选项，切换到视频设置对话框，如图 7-21 所示。可以看到 GIF 色深是 8 位 256 色。所以视频压缩成 GIF 图像会损失一定的色彩细节。和前面的输出设置类似，输出为 GIF 图像还可以设置图像大小和帧速率，由于 GIF 不是流媒体文件，需要全部下载到硬盘上才能观看，打开的时候也比较耗费资源，一般来说，文件尺寸大小和帧速率都要设置得小一些才能发挥这种动画格式的优势。

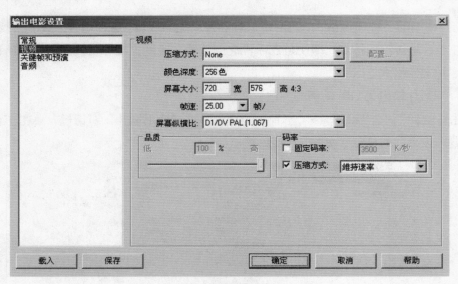

图 7-21　GIF 视频设置

第8章　影视制作实战训练

本章主要内容：

- 安装插件的一般方法
- Shine（光效）的使用方法
- Starglow（星光）的使用方法
- Final Effects（最终效果）插件集

本章重点：

- Trapcode 和 Final Effects 插件集中的八个插件安装
- 加入插件特效和插件特效的关键帧动画

本章难点：

- 合理的使用视频插件
- 掌握视频插件的用法

学习目标：

- 学习安装插件的一般方法
- 合理的使用视频插件
- 学习插件集
- 创作出来的作品拥有更好的视觉效果

在前面已经学习了视频剪辑、音/视频特效和输出等方面的内容。在本章中主要讲解了一些在工作中会经常用到的特效插件，从插件的安装，到加入插件特效，再到插件特效的关键帧动画都有一定的涉及。插件是视频制作中不可或缺的重要创作工具，掌握视频插件的用法，合理地使用视频插件，会使创作出来的作品拥有更好的视觉效果。

插件又称Plug-ins，是为了弥补视频软件的功能缺陷而开发的特效程序。每一个插件都有一个特定的功能，面对某些特殊的制作需要。插件成功安装后可以在视频软件里直接调用，使用起来与软件自带的特效相同。

目前有很多专门开发插件的公司，Trapcode是比较著名的插件公司之一。随后将要使用到的Shine插件和Starglow插件就是Trapcode公司开发的。

8.1　安装插件的一般方法

在使用插件之前先要学习如何正确安装插件。

（1）打开"D:/后期制作/第8章/插件"文件夹，本章所需要的插件都在此文件夹中，如图8-1所示。

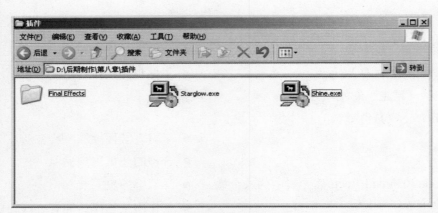

图8-1　浏览插件所在的文件夹

（2）双击Shine.exe打开安装程序，将安装路径设置为Premiere Pro 1.5安装目录下的\Plug-ins\en_US，本例选择C:\Program Files\Adobe\Premiere Pro 1.5\Plug-ins\en_US 如图8-2所示。单击Next（下一步）按钮完成安装。

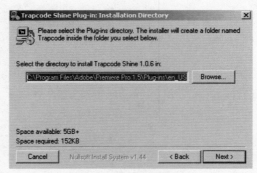

图8-2　安装Shine插件

不同的插件安装方式可能不同，对于 Premiere Pro 1.5 来说，一般只要安装到或者是将插件文件复制到...\Plug-ins\en_US 文件夹下就可以使用了。如果安装到 \Plug-ins 文件夹下有时也可以使用，不过容易出现 Premiere Pro 1.5 无法启动的情况，这时将安装的插件删除，重新启动 Premiere Pro 1.5 即可。

安装 Starglow（星光）插件的方法与 Shine 相同。

安装 Final Effects 插件只需要将 D:/ 后期制作 / 第 8 章 / Final Effects 文件夹拷贝到 C:\Program Files\Adobe\Premiere Pro 1.5\Plug-ins\en_US 中。

 注意 同一种插件不同的安装程序安装方式也可能不同，插件安装完成后必须重新启动 Premiere Pro 1.5 才能在相应的位置看到安装的插件。

8.2　Shine（光效）

Shine 插件和 Starglow 插件是 Trapcode 公司出品的两款比较著名的特效插件，在后期制作领域有着非常广泛的应用。

（1）双击桌面上的 Premiere Pro 1.5 图标打开 Premiere Pro 1.5，建立一个新的项目文件并保存。

（2）插件安装完成后，在 Premiere Pro 1.5 的"特效"选项卡中展开"视频特效"，可以看到多了一个名为 Trapcode 的文件夹，如图 8-3 所示。

（3）将 Trapcode 展开，可以看到刚刚安装的两个视频插件，如图 8-4 所示。

图 8-3　插件所在位置

图 8-4　展开 Trapcode

8.2.1　添加字幕

本例是设计制作一个扫光字幕效果，首先要添加字幕素材。

（1）单击"文件"→"新建"→"字幕"命令，打开"Adobe 字幕设计"窗口，如图 8-5 所示。

（2）在空白处单击，键入"Coffee Girl"字样，并选择字体为 Arial Italic，如图 8-6 所示。

（3）将"目标风格"中的"字体大小"设置为 64.0，"字距"设置为 8.0，如图 8-7 所示。按 Ctrl+S 快捷键保存字幕，退出"Adobe 字幕设计"窗口。

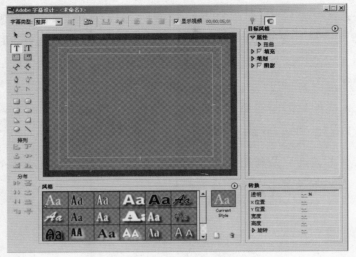

图 8-5　打开"Adobe 字幕设计"窗口

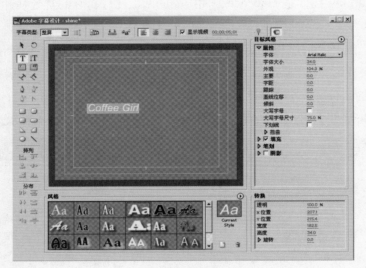

图 8-6　键入文字

图 8-7　设计字幕

（4）将字幕文件由"项目"窗口中拖拽到时间线上，如图8-8所示。

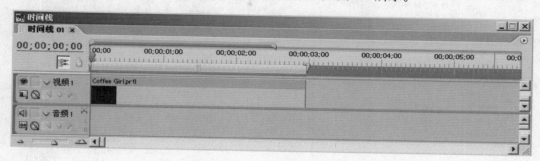

图8-8 加入字幕素材

（5）将字幕的持续时间延长至5秒，如图8-9所示。

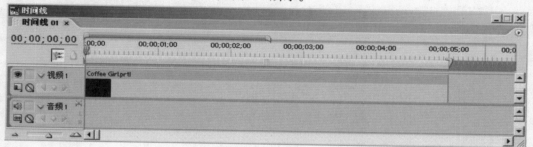

图8-9 设置持续时间

8.2.2 制作字幕扫光效果

插件的使用方法与Premiere Pro 1.5自带的特效相同。

（1）在"特效"选项卡中找到Shine特效，用鼠标左键将其拖拽到时间线中的字幕文件上，松开鼠标，特效就施加上了。图8-10所示是施加Shine特效前后的字幕效果对比。

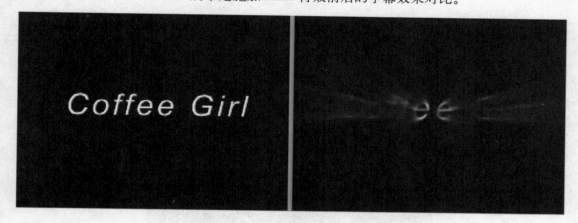

图8-10 Shine特效加入前后效果对比

（2）打开"特效控制"选项卡，展开Shine特效的参数，如图8-11所示。作为一款非常成功的视频插件，Shine特效包含很多参数。

（3）展开Colorize（着色），可以看到Colorize有很多子参数，如图8-12所示。将Colorize设置为Spirit（精灵），如图8-13所示，这时字幕扫光类型也随之改变，如图8-14所示。

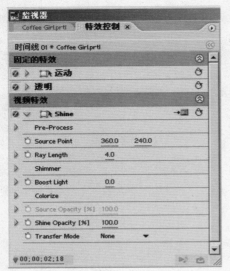

图8-11　展开Shine的参数

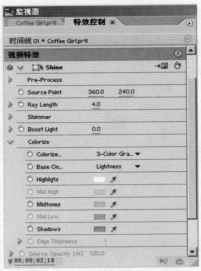

图8-12　展开Colorize参数

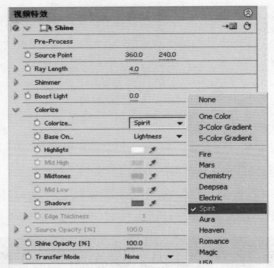

图8-13　设置参数

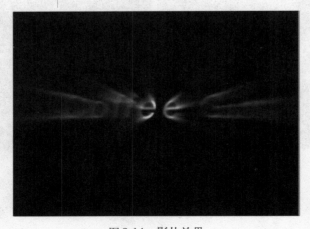

图8-14　影片效果

图8-15列举了一些比较常用的光效类型。

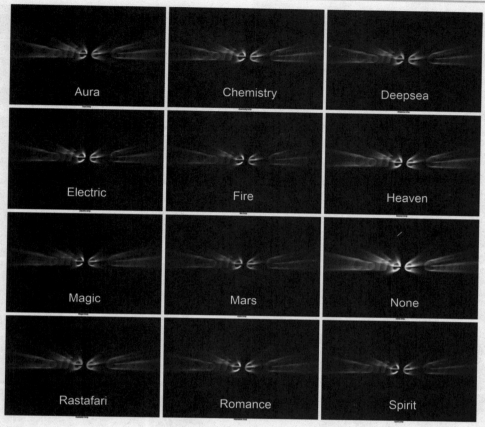

图 8-15　光效类型列举

（4）将 Transfer Mode（转化模式）设置为 Hard Lignt（硬性光），如图 8-16 所示，可以在节目监视窗口中看到光效的变化，如图 8-17 所示。

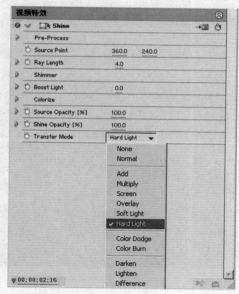

图 8-16　设置转化模式

图 8-17　设置变换模式的效果

图 8-18 列举了 Spirit 所有的光效模式。

图 8-18　光效模式列举

确定光效的大致形态以后要调整光效的细节。

（5）设置 Ray Length（光线长度）的值为5.0，延长光线线条，如图8-19所示。

图 8-19 设置 Ray Length

（6）设置 Boost Light（发光）的值为 2.0，增加光线的光亮度，如图 8-20 所示。

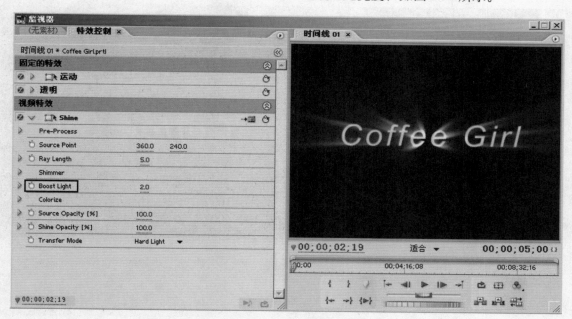

图 8-20 设置 Boost Light

（7）展开 Colorize，单击 Shadows（暗调）右边的蓝色色块，弹出"色彩"对话框，指定蓝紫色代替当前蓝色作为光效的暗调部分，如图 8-21 所示。调整完成后的效果如图 8-22 所示。

（8）调整 Shine 效果的施加程度。将 Shine Opacity（光效透明度）设置为 85.0，降低光效强度，如图 8-23 所示。

下面的操作是为特效添加关键帧，制作一个光线扫过的效果。无论是什么特效，只要是参数中名称前面带有标志的都可以设置关键帧动画。

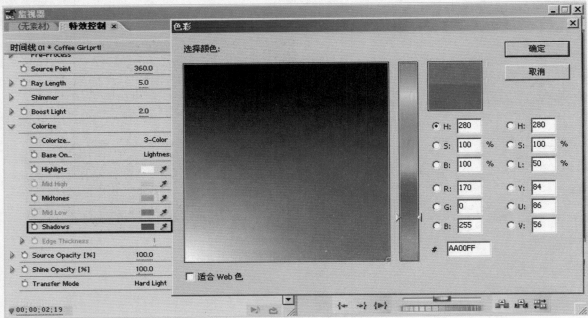

图 8-21　修改颜色

图 8-22　修改颜色后的效果

（9）在 00:00:00:00 处设置 Source Point（光源点）为 0.0、240.0，单击 Source Point 前的 ○ 设置关键帧；设置 Ray Length 为 0.0，单击 Ray Length 前的 ○ 设置关键帧，如图 8-24 所示。

（10）在 00:00:01:00 处设置 Ray Length 为 5.0，由于参数修改，系统自动添加 Ray Length 的关键帧如图 8-25 所示。播放观察，这是一段光线从无到有并越来越长的关键帧动画。

（11）单击选择 00:00:01:00 处的 Ray Length 关键帧，按 Ctrl+C 键复制关键帧，在 00:00:04:00 处按 Ctrl+V 键粘贴关键帧，如图 8-26 所示。这 3 秒之间光线长度保持不变。

图 8-23　设置效果透明度

图 8-24　设置关键帧

（12）单击选择 00:00:00:00 处的 Ray Length 关键帧，按 Ctrl+C 键复制关键帧；在 00:00:05:00 处按 Ctrl+V 键粘贴关键帧，如图 8-27 所示。这是一段光线越来越短，最终消失的关键帧动画。

下面设置光源位置动画。

（13）在 00:00:05:00 处设置 Source Point 为 600.0、240.0，这是一个水平方向的扫光效果。由于参数改变，系统自动添加 Source Point 的关键帧如图 8-28 所示。播放预览，在节目监视窗口中可以看到已经完成的扫光效果。

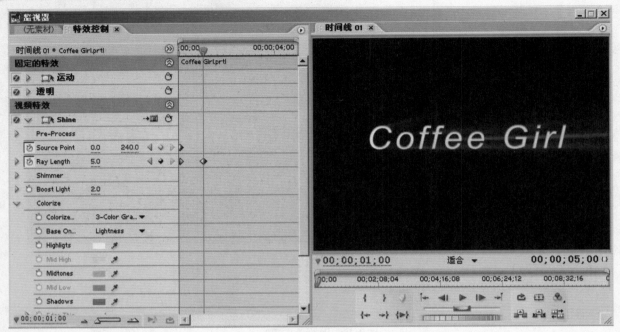

图 8-25　设置关键帧

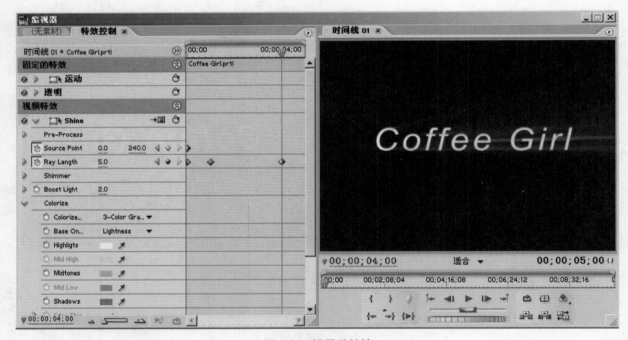

图 8-26　设置关键帧

图 8-29 所示是本例最终效果的帧节选。

使用 Shine 插件对满屏幕显示的素材也可以制作很好的效果。图 8-30 所示是导入的一幅仰拍的树木图片。对其加入 Shine 特效，默认的显示如图 8-31 所示。对其修改 5 个参数后的显示如图 8-32 所示。

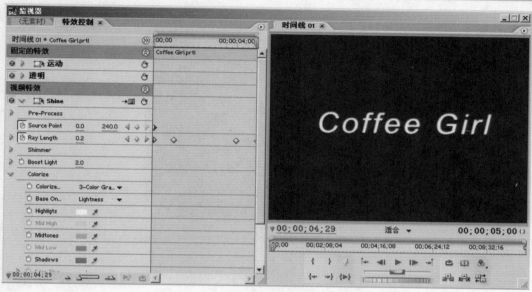

图8-27 设置关键帧

图8-28 设置关键帧

图8-29 最终效果

图 8-30　导入的原始素材

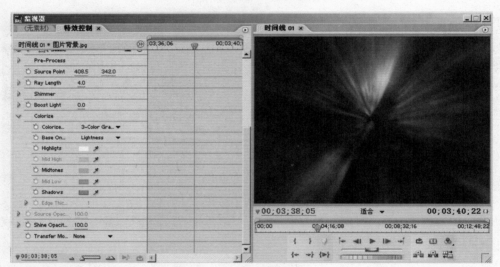

图 8-31　加入默认光效

图 8-32　修改参数后的效果

8.3 Starglow（星光）

Starglow 插件也是在后期制作中经常会用到的特效插件，其与 Shine 一样，同是 Trapcode 公司为 After Effects 开发的特效插件，并可安装在 Premiere Pro 1.5 中使用。

双击桌面上的 Premiere Pro 1.5 图标打开 Premiere Pro 1.5，建立一个新的项目文件并保存。

8.3.1 添加字幕

本案例是设计制作一个星光字幕效果，首先要添加字幕素材。

（1）单击"文件"→"新建"→"字幕"命令，打开"Adobe 字幕设计"窗口。输入 Coffee girl 字样，并选择字体为 Arial Italic，如图 8-33 所示。

图 8-33 输入文字

（2）将"目标风格"中的"字体大小"设置为 50，"字距"设置为 8.0，如图 8-34 所示。

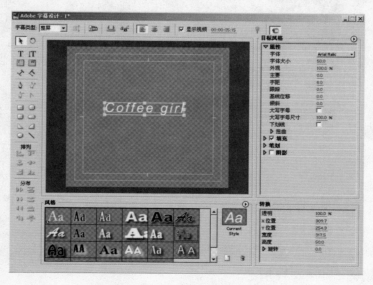

图 8-34 设置字幕样式

（3）展开"笔画"，单击"外部笔画"后的"添加"按钮添加一个外部描边，设置描边大小为10，描边颜色为深灰色，如图8-35所示。

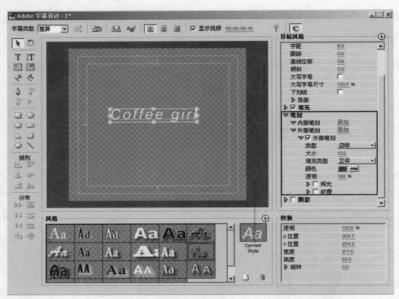

图8-35　设置描边

（4）单击绘图工具集中的"钢笔工具"，绘制如图8-36所示的曲线，并设置曲线的描边宽度为5.0。

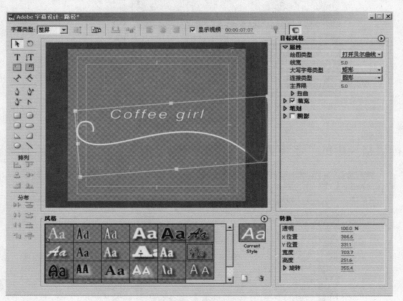

图8-36　绘制曲线

绘制过程如图8-37所示。

（5）使用钢笔工具绘制如图8-38所示的曲线，并设置曲线的描边宽度为3.0。按Ctrl+S快捷键保存字幕，退出"Adobe字幕设计"窗口。

（6）将字幕文件由"项目"窗口中拖拽到时间线中的"视频3"轨道上，"视频1"和"视频2"轨道还要放置其他素材，如图8-39所示。

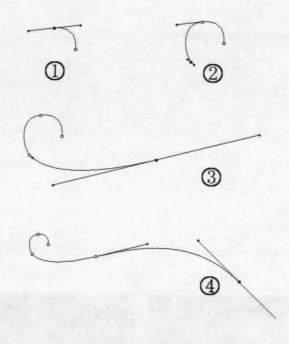

图 8-37　绘制曲线过程

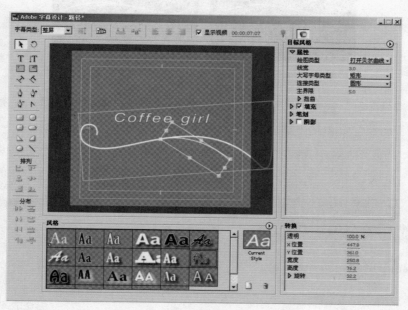

图 8-38　绘制另一条曲线

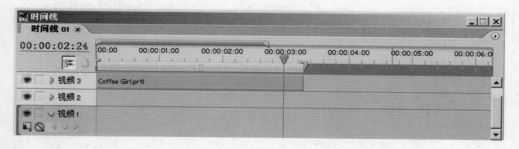

图 8-39　加入字幕素材

（7）将字幕的持续时间设置为 5 秒，如图 8-40 所示。

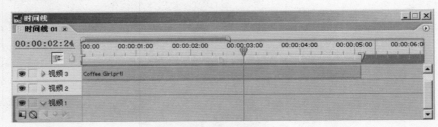

图 8-40　设置字幕时间

8.3.2　制作星光字幕效果

下面为设计的字幕添加 Starglow 效果。

（1）在"特效"选项卡中找到 Stargolw 特效，用鼠标左键将其拖拽到时间线上的字幕文件上，松开鼠标，添加特效。图 8-41 所示是添加 Stargolw 特效前后的字幕效果对比。

图 8-41　添加 Stargolw 特效前后的效果对比

（2）打开"特效控制"选项卡，展开 Stargolw 特效的参数，如图 8-42 所示。Stargolw 特效也包含很多参数，便于调整细节和制作动画。

（3）将 Preset 设置为 Grassy Star（草状星形），如图 8-43 所示，这时星光类型也随之改变，如图 8-44 所示。

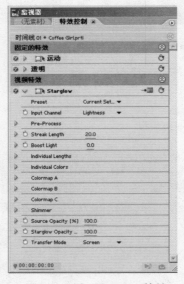

图 8-42　展开 Stargolw 特效

图 8-43　修改预设置

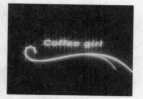

图 8-44　修改后的效果

图 8-45 和图 8-46 列举了所有预设置的星光效果。

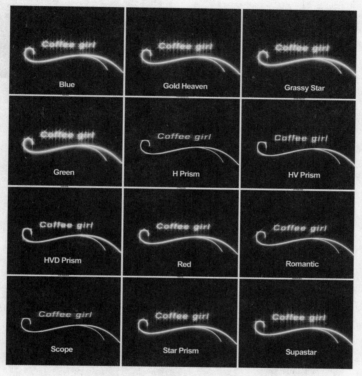

图 8-45　预置效果列举（1）

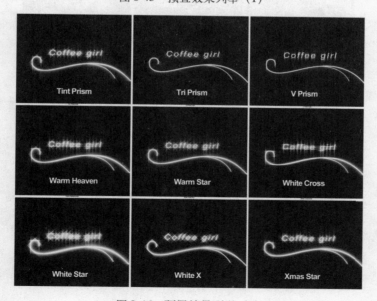

图 8-46　预置效果列举（2）

（4）将 Transfer Mode 设置为 Soft Lignt（柔光），如图 8-47 所示。可以在节目监视窗口中看到光效的变化，如图 8-48 所示。

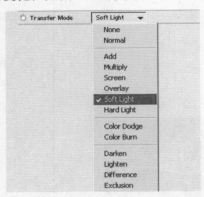

图 8-47　设置 Transfer Mode

图 8-48　设置 Transfer Mode 后的效果

图 8-49 列举了 Grassy Star 所有的光效模式。

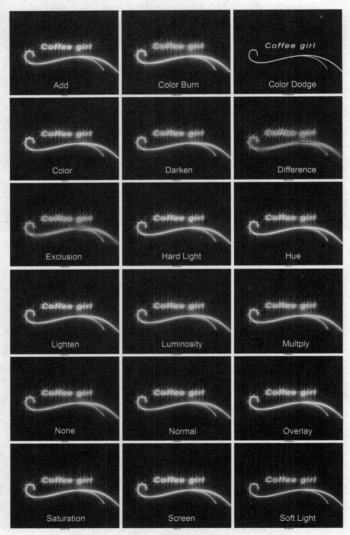

图 8-49　光效模式列举

确定光效的大致形态以后要调整光效的细节。

（5）设置 Streak Length（光线长度）的值为13，缩短星光线条，如图8-50所示。

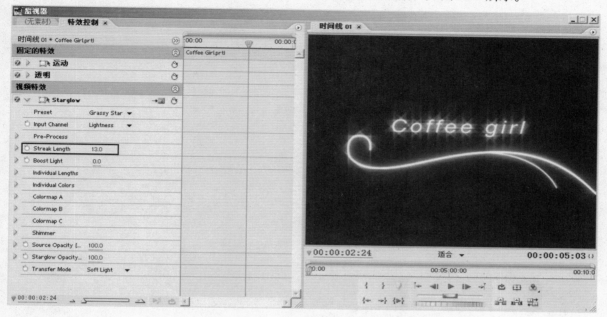

图8-50　设置 Streak Length

（6）设置 Boost Light 的值为1.0，增加星光的光亮度，如图8-51所示。

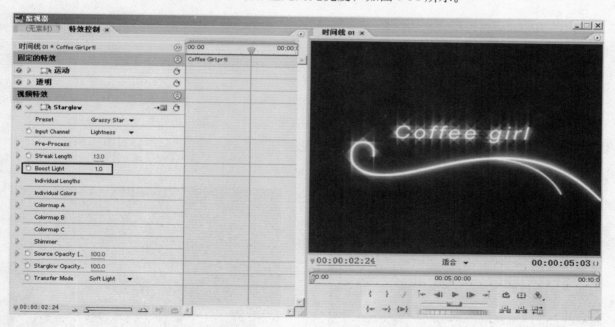

图8-51　设置 Boost Light

（7）找到"D:/后期制作/第8章/翅膀.psd"文件，将其作为一个序列导入到 Premiere Pro 1.5 中，如图8-52所示。

（8）将"右翅膀"拖拽到时间线中的"视频1"轨道上，设置其长度与字幕长度相同，如图8-53所示。

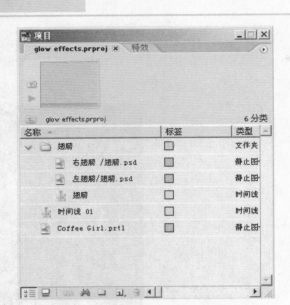

图 8-52 导入"翅膀.psd"素材

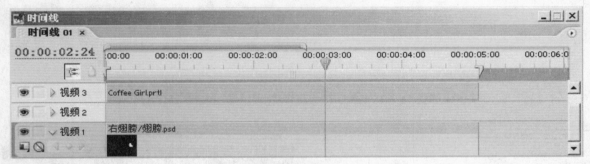

图 8-53 设置"左翅膀"持续时间

节目监视窗口中的影片显示如图 8-54 所示。

（9）在字幕素材上右击，在弹出的快捷菜单中选择"复制"选项；在翅膀素材上右击，在弹出的快捷菜单中选择"粘贴属性"选项，将特效属性粘贴到翅膀素材上。节目监视窗口中的影片显示如图 8-55 所示。

图 8-54 影片预览

图 8-55 粘贴属性

（10）转到"特效控制"选项卡，展开"运动"，将"位置"设置为 350.0、230.0，如图 8-56 所示。

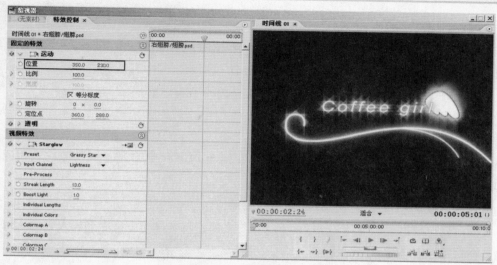

图 8-56　设置翅膀位置

（11）将 Starglow 中的 Streak Length 设置为 5.0，将 Boost Light 设置为 0，将 Transfer Mode 设置为 Hard Light，得到如图 8-57 所示的效果。

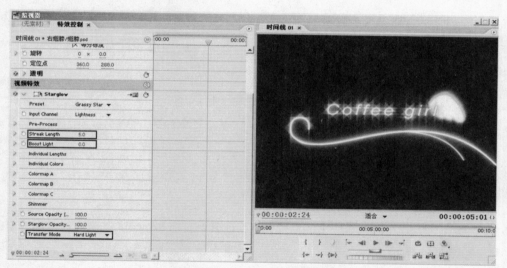

图 8-57　设置"右翅膀"的参数

（12）用同样的方法加入左翅膀，完成例子的制作，如图 8-58 所示。也可以根据自己的喜好制作相应的关键帧动画。

如果觉得颜色太单调，还可以为翅膀添加其他类型的星光效果，如图 8-59 所示。

图 8-58　完成后的制作效果

图 8-59　修改星光类型

8.4 Final Effects

Final Effects 是一款著名的视频插件集，这些插件在视频制作中有着非常广泛的使用。由于这些插件功能一般比较单一，参数也比较直观，所以整合为一节来讲解。

8.4.1 FE 爆炸效果

FE 爆炸效果主要是模拟了画面爆炸的效果。与 After Effects 中的 Shatter 特效比较相似，但操作起来更加简单。

（1）建立一个新的项目文件，选择存储路径存储。

（2）找到"D:/后期制作/第8章/hzmedia.psd"文件，将其作为一个序列导入到 Premiere Pro 1.5 的"项目"窗口中，如图 8-60 所示。

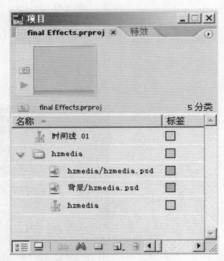

图 8-60　导入素材

（3）将"背景"层插入到时间线上的"视频1"轨道上，将 hzmedia 层插入到时间线上的"视频2"轨道上，如图 8-61 所示。

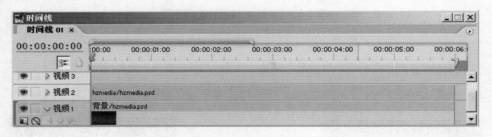

图 8-61　插入图片素材

（4）在"特效"选项卡中找到"视频特效"→"FE 最终的效果"→"FE 爆炸效果"特效，如图 8-62 所示，并将其拖拽到"视频2"轨道上的 hzmedia 上，加入特效。

（5）转到"特效控制"选项卡，展开"FE 爆炸效果"的参数，如图 8-63 所示。可以看到添加特效后的素材图层已经出现裂纹。

图 8-62　FE 爆炸效果

图 8-63　FE 爆炸效果

（6）设置"散开速度"的值为 0.10，设置"引力"的值为 0.50，设置"栅格间距"的值为 5。播放预览影片，得到如图 8-64 所示的效果。在播放影片时可以看到，虽然没有设置关键帧，但是已经得到了一个字体破碎散落的效果。这是一种比较特殊的特效，运动是由插件直接生成的。

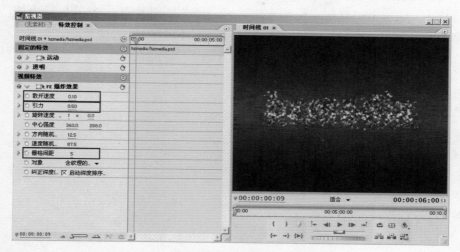

图 8-64　设置参数

8.4.2　FE 层叠加

　　FE 层叠加特效提供了一些效果比较出众的层叠加模式。下面介绍如何利用 FE 层叠加特效制作回忆往事的效果。

　　（1）建立一个新的项目文件，选择存储路径存储。

　　（2）将"D:/后期制作/第 8 章/"文件夹中的"女孩.avi"和"捡杯子.avi"素材导入到 Premiere Pro 1.5 的"项目"窗口中，如图 8-65 所示。

图 8-65　导入文件

　　（3）将"女孩.avi"素材插入到时间线上的"视频 1"轨道上，将"捡杯子.avi"素材插入到时间线上的"视频 2"轨道上，如图 8-66 所示。

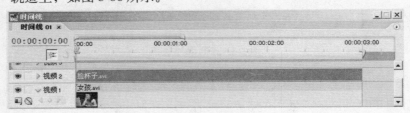

图 8-66　插入素材

　　（4）在"特效"选项卡中找到"视频特效"→"FE 最终的效果"→"FE 层叠加"特效，如图 8-67 所示，并将其拖拽到"视频 2"轨道上的"捡杯子.avi"上，加入特效。

图 8-67　FE 层叠加

（5）转到"特效控制"选项卡，展开"FE层叠加"的参数，如图8-68所示。在调整参数之前影片并没有任何的改变。

图8-68　FE层叠加参数

（6）设置"不透明度"的值为70.0，设置"转变模式"为"反转亮度"，将影片的亮度信息作为遮挡或显示的依据，得到如图8-69所示的效果。

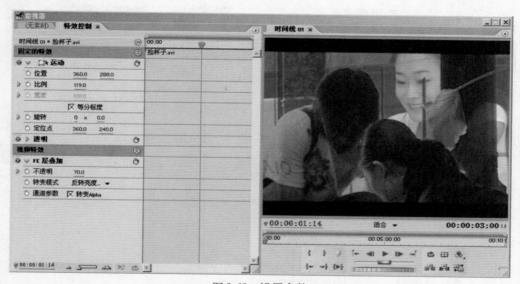

图8-69　设置参数

8.4.3　FE光线扫过

FE光线扫过插件可以非常方便地制作出一道光线在素材上扫过的效果，而且效果具有比较强的真实感。

（1）建立一个新的项目文件，选择存储路径存储。

（2）找到"D:/后期制作/第8章/hzmedia.psd"文件，将其作为一个序列导入到Premiere Pro 1.5的"项目"窗口中，如图8-70所示。

（3）将"背景"层插入到时间线上的"视频1"轨道上，将hzmedia层插入到时间线上的"视频2"轨道上，如图8-71所示。

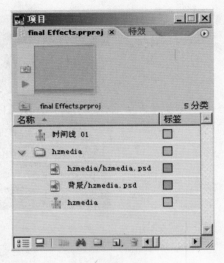

图8-70　导入素材

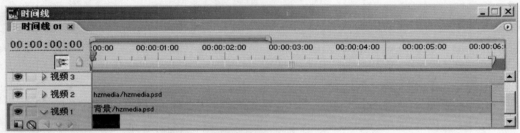

图8-71　插入素材

（4）在"特效"选项卡中找到"视频特效"→"FE最终的效果"→"FE光线扫过"特效，如图8-72所示，并将其拖拽到"视频2"轨道上的hzmedia上，加入特效。

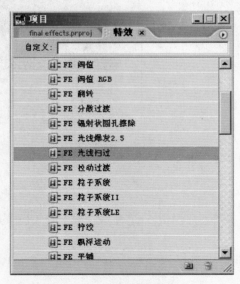

图8-72　FE光线扫过

（5）转到"特效控制"选项卡，展开"FE光线扫过"的参数，如图 8-73 所示。可以看到添加特效后的素材图层已经出现了部分变亮。

图 8-73　FE光线扫过参数

（6）设置"光线锥度"为"光滑"，设置"锥度宽度"的值为22.0，设置"扫过强度"的值为30，得到如图 8-74 所示的效果。

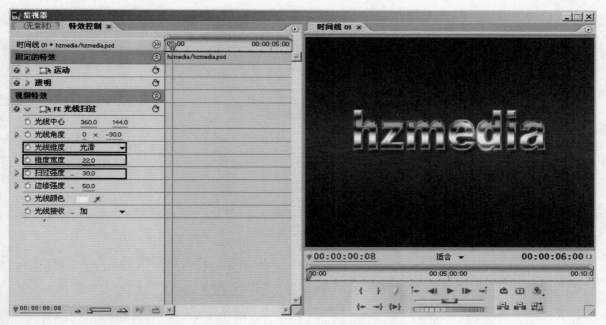

图 8-74　设置参数

（7）设置"光线中心"为0、144，在00:00:01:00处设置关键帧；将时间指示标拖拽到00:00:03:00处，修改"光线中心"为600、144，系统自动添加关键帧，如图 8-75 所示，完成扫光效果的制作。

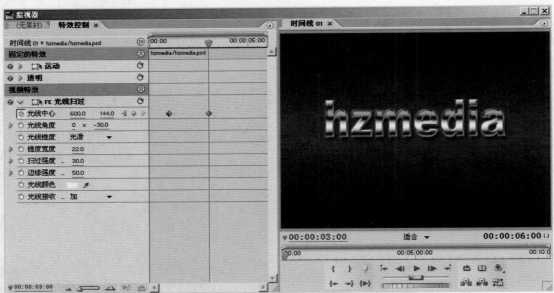

图 8-75　设置关键帧

8.4.4　FE 下雪 /FE 下雨

FE 下雪插件可以非常方便地制作出逼真的下雪效果。

（1）建立一个新的项目文件，选择存储路径存储。

（2）将"D:/ 后期制作 / 第 8 章 / 宫殿.avi"导入到 Premiere Pro 1.5 的"项目"窗口中，如图 8-76 所示。

图 8-76　导入素材

（3）将"宫殿.avi"层插入到时间线上的"视频 1"轨道上，如图 8-77 所示。

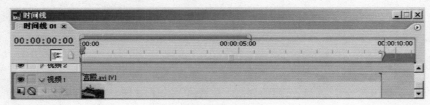

图 8-77　插入素材

（4）在"特效"选项卡中找到"视频特效"→"FE最终的效果"→"FE下雪"特效，如图8-78所示，并将其拖拽到"视频1"轨道上的"宫殿.avi"上，加入特效。

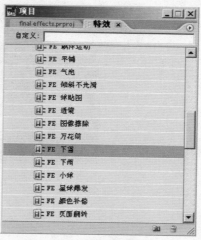

图8-78　FE下雪

（5）转到"特效控制"选项卡，展开"FE下雪"的参数，如图8-79所示。播放预览影片，可以看到比较明显的下雪效果。

图8-79　FE下雪

（6）如果对默认的FE下雪效果不满意，还可以重新设置FE下雪效果的参数。设置"下雪速度"的值为0.5，设置"振幅"的值为1.0，如图8-80所示。播放预览影片，可以看到大雪由天空慢慢飘落。

FE下雨效果的使用方式与FE下雪效果大致相同，如图8-81所示是"宫殿.avi"素材加入了FE下雨特效后的效果。

图 8-80 设置参数

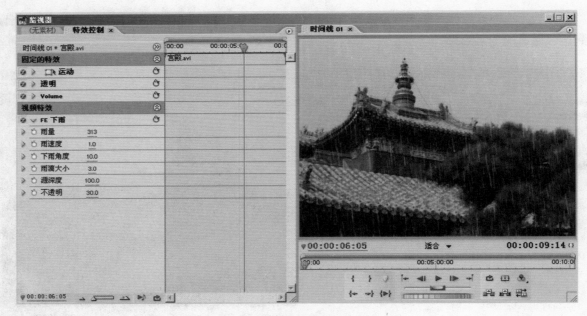

图 8-81 FE 下雨特效的效果

8.5 综合特效制作

在很多情况下，仅仅使用一个特效是很难完成制作目标的，而需要多个特效相结合才能制作出合适的效果。在本例中将要制作一个旋转光球效果，需要"FE最终效果"中的"FE球贴图"特效和Trapcode中的Shine特效共同完成。

（1）建立一个新的项目文件，选择存储路径存储。

（2）单击"文件"→"新建"→"字幕"命令，打开"Adobe 字幕设计"窗口，如图8-82所示。

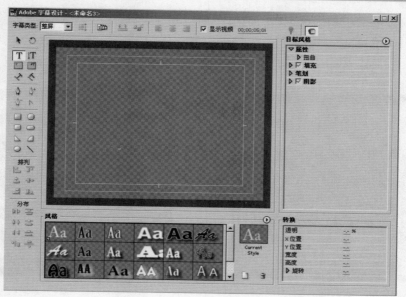

图 8-82 "Adobe 字幕设计"窗口

（3）单击绘图工具集中的"椭圆"工具，按住 Shift 键用鼠标在输入窗口中拖拽，绘制一个正圆，如图 8-83 所示。

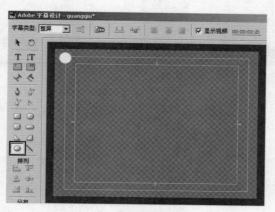

图 8-83 绘制圆

（4）单击"选择"工具，按住 Alt 键向右拖拽绘制的正圆，得到一个复制的正圆，在拖拽的同时按住 Shift 键，可以使绘制的正圆与复制的正圆在同一水平线上，如图 8-84 所示。

（5）用同样的方法复制一排圆，如图 8-85 所示。

图 8-84 复制圆

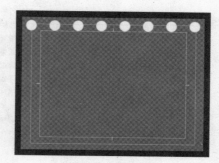

图 8-85 复制圆

（6）将所有的圆框选，按住Alt键向下拖拽，在拖拽的同时按住Shift键，复制一排上下对齐的圆，如图8-86所示。

（7）用同样的方法复制圆，如图8-87所示。按Ctrl+S键保存字幕，退出"Adobe字幕设计"窗口。

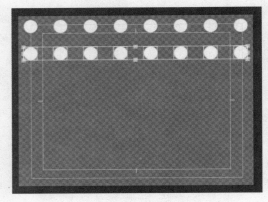
图8-86　复制圆

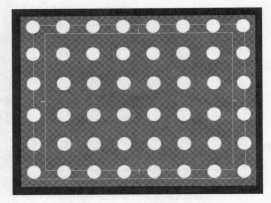
图8-87　复制圆

（8）将字幕文件由"项目"窗口中拖拽到时间线上的"视频1"轨道上，如图8-88所示。

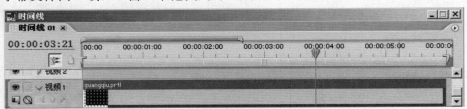
图8-88　插入素材

（9）在"特效"选项卡中选择"视频特效"→"FE最终的效果"→"FE球贴图"特效，如图8-89所示，并将其拖拽到字幕文件上，加入特效。

（10）转到"特效控制"选项卡，展开"FE球贴图"的参数，如图8-90所示。在节目监视窗口中可以看到，字幕文件被扭曲成一个球的形状。

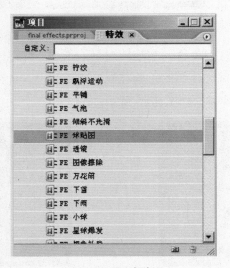
图8-89　FE球贴图

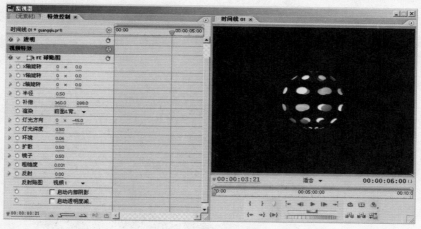

图 8-90 FE 球贴图参数

（11）设置"补偿"的值为 360.0、320.0，设置"渲染"类型为"仅仅前面"，设置"灯光深度"的值为 1.00，设置"环境"的值为 0.50，设置完毕后，得到如图 8-91 所示的效果。

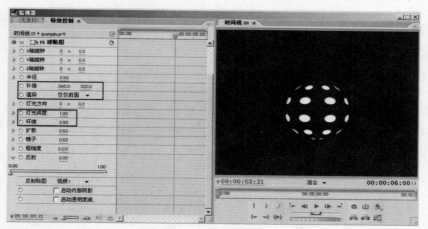

图 8-91 设置参数

（12）将时间指示标拖拽到 00:00:00:00 处，分别单击"X 轴旋转"和"Y 轴旋转"前的 设置关键帧，如图 8-92 所示。

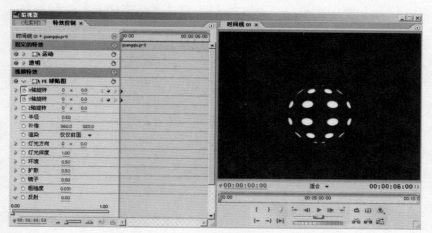

图 8-92 设置关键帧

（13）将时间指示标拖拽到00:00:05:00处，设置"X轴旋转"的值为1×0.0，设置"Y轴旋转"的值为1×0.0，如图8-93所示。播放预览影片，在素材监视窗口中可以看到所做的斑点球在0~5秒之间转动了360°。

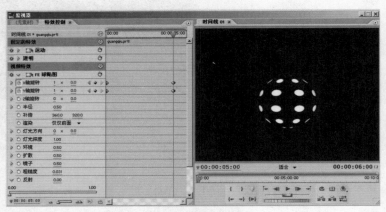

图8-93　设置关键帧

（14）在"特效"选项卡中找到Shine特效，用鼠标左键将其拖拽到时间线上的字幕文件上，松开鼠标，施加特效，如图8-94所示。

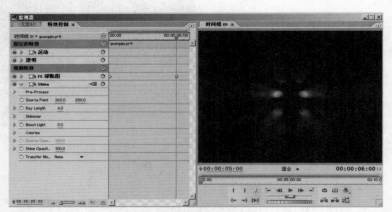

图8-94　加入Shine光效

（15）设置Ray Length为5.0，Boost Light为4.0，强化光线，如图8-95所示。

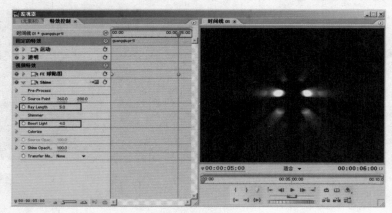

图8-95　设置参数

（16）展开 Colorize，将 Colorize 设置为 Chemistry（化学），得到本例的最终效果，如图 8-96 所示。

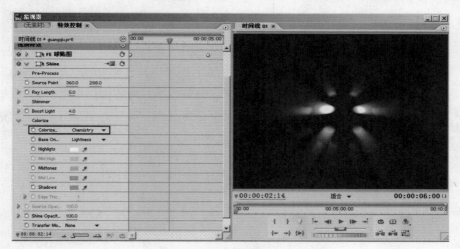

图 8-96　设置参数

如图 8-97 所示是本例最终效果的帧节选。

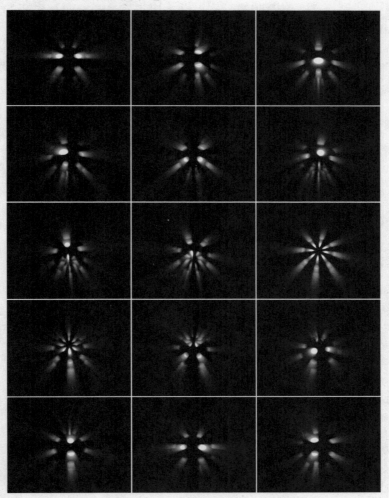

图 8-97　帧节选

本章小结

在本章中学习了 Trapcode 和 Final Effects 插件集中的 8 个插件，这些插件每一个都有自己的应用范围，插件不仅让特效制作变得简单化，也在很大程度上扩充了软件的功能。作为一款比较成功的非线性编辑软件，Premiere Pro 1.5 拥有很多视频插件，如果能很好地掌握这些插件的用法，会使视频特效制作的水平上一个台阶。在随后高级班的课程里，会接触到一些专业级的视频特效制作软件和制作技术。

自测题

一、单选题

1．Premiere Pro 1.5 中的插件全部存放在安装目录下的 （　　） 文件夹中。

    A．Plug-ins   B．Activation   C．Help   D．Presets

2．图 8-98 使用的预设置的星光效果是 （　　）。

图 8-98

    A．Romantic   B．HVD Prism   C．Star Prism   D．Blue

二、多选题

1．在 "Adobe 字幕设计" 窗口中按住 （　　） 键拖拽素材可以将素材复制并对齐。

    A．Shift   B．Alt   C．空格   D．Ctrl

2．制作光线从无到有再到长并扫过素材然后消失的关键帧动画，需要调整 Shine 特效中的（　　）参数。

    A．Pre-Process   B．Source Point   C．Ray Length   D．Transfer Mode

三、填空题

1．设置 "FE 球贴图" 中 "渲染" 参数的类型为 ＿＿＿＿＿＿＿，则球后面的部分被忽略。

2．设置"FE 爆炸效果"中的 _____ 参数，可以修改破碎片的形状。

四、判断题

1．调整 Colorize 的参数可以调整修改 Shine 特效光线颜色。 （　）
2．FE 下雪效果必须设置关键帧才能得到雪花飘落的效果。 （　）

课后作业

1．尝试 Final Effects 插件集中没有讲到的特效的用法。
2．运用多个特效，设计一个完整的特技效果。